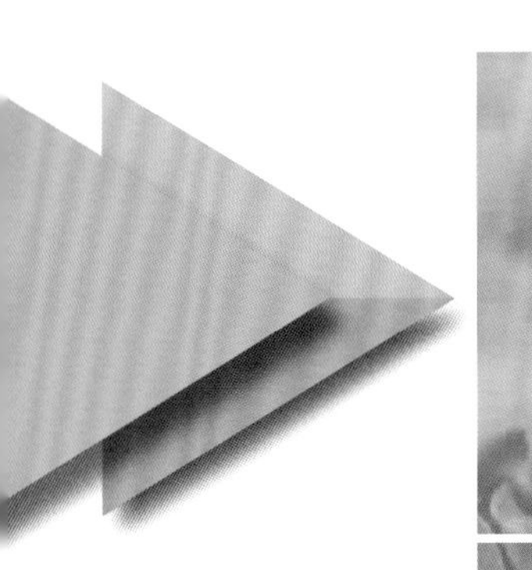

海南长臂猿食源植物图谱

龙文兴　齐旭明　刘世荣　等　著

科学出版社
北京

内 容 简 介

海南长臂猿是珍稀濒危的国家一级重点保护动物，海南热带雨林国家公园旗舰种和伞护种。开展海南长臂猿食源植物研究，对海南长臂猿食源植物野外辨识和分类，以及海南长臂猿栖息地修复具有重要的参考意义。本书通过长期监测调查，收集了海南长臂猿采食的47科88属134种植物的原色照片，根据植物分布情况绘制了适宜分布图，介绍了植物物种的形态特征、分布与生境，并展示了相应的取食部位和取食月份。

本书适合林学、生态学等专业的高校师生及相关科学研究人员阅读，也可供对植物生态保护等研究感兴趣的读者参考。

琼S（2023）224号

图书在版编目（CIP）数据

海南长臂猿食源植物图谱 / 龙文兴等著. —北京：科学出版社，2023.11
ISBN 978-7-03-076320-4

Ⅰ. ①海… Ⅱ. ①龙… Ⅲ. ①长臂猿－食物资源－植物资源－海南－图谱 Ⅳ. ① Q959.848-64

中国国家版本馆CIP数据核字（2023）第170164号

责任编辑：郭勇斌 邓新平 / 责任校对：严 娜
责任印制：徐晓晨 / 封面设计：义和文创

科学出版社 出版
北京东黄城根北街16号
邮政编码：100717
http://www.sciencep.com

北京中科印刷有限公司印刷
科学出版社发行 各地新华书店经销
*
2023年11月第 一 版 开本：787×1092 1/16
2023年11月第一次印刷 印张：9 1/4
字数：202 000

定价：158.00元

（如有印装质量问题，我社负责调换）

《海南长臂猿食源植物图谱》

编 委 会

主　编：龙文兴　齐旭明　刘世荣

编　委：肖楚楚　陈　康　陈　远　陈玉凯　张　凯　陈　庆
冯　广　张安安　陆柯宁　张德旭　赵杨梅　文良玉
俞初樾　张　滔　苏昶源　胡光明　周逸东　蔡成林

前　言

海南中部山区是全球34个生物多样性热点区域之一，是海南长臂猿在全球仅存的栖息地。海南长臂猿是海南特有种、珍稀濒危的国家一级重点保护动物，海南热带雨林国家公园旗舰种和伞护种。20世纪80年代，海南长臂猿种群数量曾减少到不足10只，呈濒临灭绝状态。随着霸王岭保护区的建立，以及停止天然林采伐和禁止猎杀野生动物，政府、社会及科研机构对长臂猿保护意识提高，形成了基于自然保护的霸王岭模式。截至2023年10月，海南长臂猿家族群及种群数量稳步增长，发展到6群37只。清晨，热带雨林里早起的海南长臂猿每一声嘹亮的鸣叫和枝头上每一个灵动的身影，都在向世界宣示蓬勃发展、生生不息的活力。

海南长臂猿常年生活在林冠层，茂密的树冠既是它们的自助餐厅，也是它们的游憩乐园，更是它们安心生存的保护伞。食物需求是长臂猿生息繁衍最为重要的因素。林冠的鲜果、嫩叶、花朵是长臂猿的首选，它们偶尔也会取食昆虫、蜘蛛、鸟蛋等，以改善伙食。目前观测记录到的食源植物共有168种，隶属于58科99属，其中乔木42科81属142种，灌木4科6属11种，藤本12科12属15种。食源植物中樟科Lauraceae最为庞大，共有26种，代表种类有粗壮润楠*Machilus robusta*、广东山胡椒*Lindera kwangtungensis*。其次为桑科Moraceae，主要有高山榕*Ficus altissima*、杂色榕*Ficus variegata*、大果榕*Ficus auriculata*等榕属树种。番荔枝科Annonaceae和桃金娘科Myrtaceae分别有10种和9种植物，代表种类有白叶瓜馥木*Fissistigma glaucescens*、海南暗罗*Monoon laui*和线枝蒲桃*Syzygium araiocladum*、乌墨*Syzygium cumini*。优势属则依次是榕属*Ficus* 13种、冬青属*Ilex* 9种、蒲桃属*Syzygium* 7种和杜英属*Elaeocarpus* 5种。监测发现，海南长臂猿对食源植物有明显的取食偏好性，喜食植物大约有60种。果实，尤其是皮薄肉厚多汁的浆果是海南长臂猿的最爱，它们一天当中绝大部分食物来自于此。桑科、樟科和桃金娘科的植物能提供丰富的果实。嫩叶也是海南长臂猿的心头好，如黄叶树*Xanthophyllum hainanense*、枫香树*Liquidambar formosana*和红锥*Castanopsis hystrix*的叶。海南长臂猿偶尔也会取食一些植物的花，如木棉*Bombax ceiba*的花硕大厚实多汁，是它们在春季的最爱。由于海南地处热带季风气候，有明显的旱季（每年11月至翌年4月）和雨季（每年5～10月）之分，不同植物开花结果的时间各不相同，海南长臂猿的食物供给具有明显季节性变化。根据多年的物候研究和监测记录，长臂猿食源植物主要集中在雨季（46科86属150种），旱季有38科62属91种，其中部分植物的时间有重叠。在旱季有74种果实可供长臂猿取食，此外还有15种嫩叶和4种花，主要科为樟科和冬青科。雨季则为樟科、桑科和冬青科。

通过长期监测调查，我们选择了134个物种，整理物种的形态特征、分布、生境信息，同时结合海南长臂猿的取食部位、取食月份，以及植物照片与物种在海南霸王岭片区的适宜分布图，编写成《海南长臂猿食源植物图谱》。

本书的完成，得到海南大学、海南热带雨林国家公园管理局霸王岭分局、海南国家公园研究院、中国林业科学研究院、海南师范大学等单位的大力支持，也获得国家自然科学基金区域创新发展联合基金重点项目“海南长臂猿生境维持及恢复机制”、海南长臂猿监测体系监测项目的资助，特表达诚挚谢意！

谨以此书向热爱和保护海南长臂猿的人们致敬！

热带雨林生物多样性保护及恢复团队

2023 年 7 月

目　录

1 买麻藤 *Gnetum montanum* Markgr.

买麻藤科 Gnetaceae 买麻藤属 *Gnetum*

形态特征：大藤本，高达 10m 以上，小枝圆或扁圆，光滑，稀具细纵皱纹。叶形大小多变，通常呈矩圆形，稀矩圆状披针形或椭圆形，革质或半革质，长 10 ~ 25cm，宽 4 ~ 11cm，先端具短钝尖头，基部圆或宽楔形，侧脉 8 ~ 13 对，叶柄长 8 ~ 15mm。雄球花序 1 ~ 2 回三出分枝，排列疏松，长 2.5 ~ 6cm，总梗长 6 ~ 12mm，雄球花穗圆柱形，长 2 ~ 3cm，径 2.5 ~ 3mm，具 13 ~ 17 轮环状总苞，每轮环状总苞内有雄花 25 ~ 45 朵，排成两行，雄花基部有密生短毛，假花被稍肥厚成盾形筒，顶端平，呈不规则的多角形或扁圆形，花丝连合，约 1/3 自假花被顶端伸出，花药椭圆形，花穗上端具少数不育雌花排成一轮。雌球花序侧生老枝上，单生或数序丛生，总梗长 2 ~ 3cm，主轴细长，有 3 ~ 4 对分枝，雌球花穗长 2 ~ 3cm，径约 4mm，每轮环状总苞内有雌花 5 ~ 8 朵，胚珠椭圆状卵圆形，先端有短珠被管，管口深裂成条状裂片，基部有少量短毛；雌球花穗成熟时长约 10cm。种子矩圆状卵圆形或矩圆形，长 1.5 ~ 2cm，径 1 ~ 1.2cm，熟时黄褐色或红褐色，光滑，有时被亮银色鳞斑，种子柄长 2 ~ 5mm。花期 6 ~ 7 月，种子 8 ~ 9 月成熟，果期 8 ~ 12 月。

分布：产于我国云南南部北纬 25° 以南、广西、广东及海南。在印度、缅甸、泰国、老挝及越南等地也有分布。

生境：生于海拔 1600 ~ 2000m 地带的森林中，缠绕于树上。

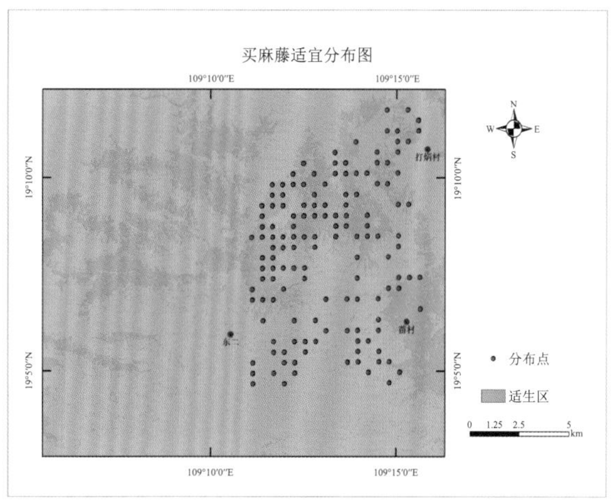

取食部位

取食月份

买麻藤	1	2	3	4	5	6	7	8	9	10	11	12

2 鸡毛松 *Dacrycarpus imbricatus*（Blume）de Laubenfels

罗汉松科 Podocarpaceae 鸡毛松属 *Dacrycarpus*

形态特征：乔木，高达 30m，径达 2m；枝条开展或下垂；小枝密生，纤细，下垂或向上伸展。叶二型，下延生长；老枝或果枝之叶鳞片状，长 2 ～ 3mm，先端内曲；生于幼树、萌生枝或小枝枝顶之叶线形，排成 2 列，形似羽毛，长 6 ～ 12mm，两面有气孔线，先端微弯。雄球花穗状，生于小枝顶端，长约 1cm；雌球花单生或成对生于小枝顶端。种子卵圆形，生于肉质种托上，成熟时肉质假种皮红色。花期 4 月，果期 10 月。
分布：产于我国海南、广东、广西、云南等地。在越南、菲律宾、印度尼西亚等地也有分布。
生境：多生于山谷、溪涧旁。

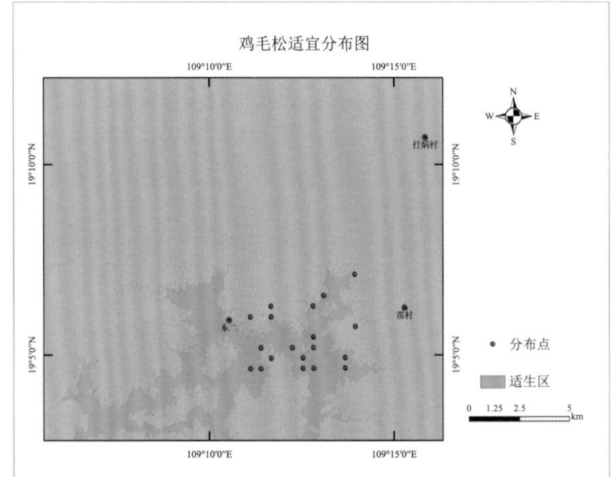

取食部位
（取食果柄）

取食月份

鸡毛松	1	2	3	4	5	6	7	8	9	10	11	12

3 百日青（大叶竹柏松）*Podocarpus neriifolius* D. Don

罗汉松科 Podocarpaceae 罗汉松属 *Podocarpus*

形态特征： 乔木，高达 25m，胸径约 50cm；树皮灰褐色，薄纤维质，成片状纵裂；枝条开展或斜展。叶螺旋状着生，披针形，厚革质，常微弯，长 7 ～ 15cm，宽 9 ～ 13mm，上部渐窄，先端有渐尖的长尖头，萌生枝上的叶稍宽，有短尖头，基部渐窄，楔形，有短柄，上面中脉隆起，下面微隆起或近平。雄球花穗状，单生或 2 ～ 3 个簇生，长 2.5 ～ 5cm，总梗较短，基部有多数螺旋状排列的苞片。种子卵圆形，长 8 ～ 16mm，顶端圆或钝，熟时肉质假种皮紫红色，种托肉质橙红色，梗长 9 ～ 22mm。花期 5 月，种子 10 ～ 11 月成熟，果期 10 ～ 11 月。

分布： 产于我国浙江、福建、台湾、江西、湖南、贵州、四川、西藏、云南、广西、广东、海南等地。在尼泊尔、不丹、缅甸、越南、老挝、印度尼西亚、马来西亚的沙捞越等地也有分布。

生境： 常在海拔 400 ～ 1000m 山地与阔叶树混生成林，惟各地林木稀少。

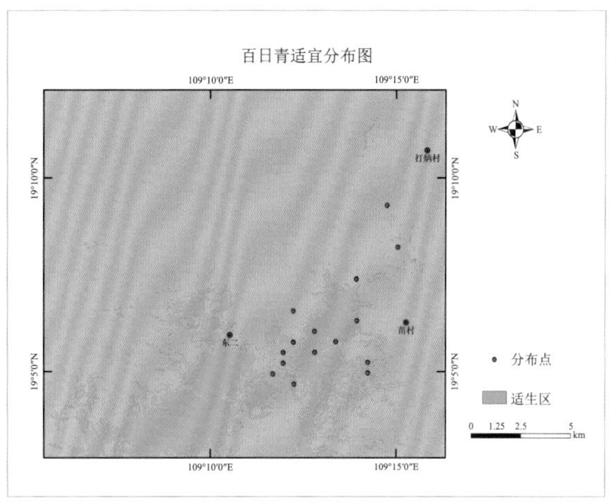

取食部位

（取食果柄）

取食月份

百日青	1	2	3	4	5	6	7	8	9	10	11	12

陆均松 *Dacrydium pectinatum* de Laubenfels

罗汉松科 Podocarpaceae 陆均松属 *Dacrydium*

形态特征： 乔木，高达 30m，胸径达 1.5m；树干直，树皮幼时灰白色或淡褐色，老则变为灰褐色或红褐色，稍粗糙，有浅裂纹；大枝轮生，多分枝；小枝下垂，绿色。叶二型，螺旋状排列，紧密，微具四棱，基部下延；幼树、萌生枝或营养枝上之叶较长，镰状针形，长 1.5 ～ 2cm，稍弯曲，先端渐尖；老树或果枝之叶较短，钻形或鳞片状，长 3 ～ 5mm，有显著的背脊，先端钝尖向内弯曲。雄球花穗状，长 8 ～ 11mm；雌球花单生枝顶，无梗。种子卵圆形，长 4 ～ 5mm，径约 3mm，先端钝，横生于较薄而干的杯状假种皮中，成熟时红色或褐红色，无梗。花期 3 月，种子 10 月至翌年 3 月成熟，果期 10 月至翌年 3 月。

分布： 产于我国海南五指山、吊罗山、尖峰岭等高山中上部。在越南、柬埔寨、泰国也有分布。

生境： 常与针叶树阔叶树种混生成林或成块状纯林。

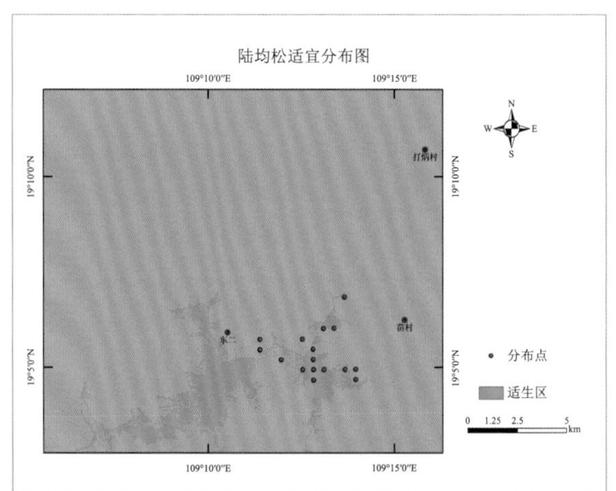

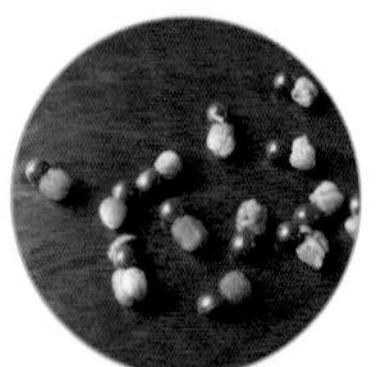

取食部位

取食月份

陆均松	1	2	3	4	5	6	7	8	9	10	11	12

海南单籽暗罗（海南暗罗）
Monoon laui（Merr.）B. Xue & R. M. K. Saunders

番荔枝科 Annonaceae 单籽暗罗属 *Monoon*

形态特征： 乔木，高达 25m，胸径达 40cm，树干通直，分枝高，树皮暗灰色，韧皮部赭褐色，无味；除幼嫩部分被短柔毛外无毛。叶近革质至革质，长圆形或长圆状椭圆形，长 8 ～ 20cm，宽 3.5 ～ 8cm，顶端渐尖，基部阔急尖或圆形，两面无毛而有光泽；侧脉每边 14 ～ 18 条，斜升直达叶缘，上面稍凸起，下面明显凸起，网脉稍密，纤细，明显；叶柄长 5 ～ 8mm，被微柔毛，干时有横皱纹。花淡黄色，数朵丛生于老枝上；花梗长 1.5 ～ 3cm，被微柔毛，基部有阔卵形的小苞片；萼片阔卵形，长约 5mm，顶端钝或急尖，外面被微柔毛；花瓣长圆状卵形或卵状披针形，长 2 ～ 3.5cm，外轮花瓣稍短于内轮花瓣，外面初时被微柔毛，后渐无毛；雄蕊楔形，药隔顶端截形；心皮密被短柔毛，内有胚珠 1 颗。果卵状椭圆形，长 2.5 ～ 4cm，直径 1 ～ 1.8cm，顶端钝，无毛，成熟时红色；果柄粗厚，长 2.5 ～ 5cm；总果柄粗壮，长 3.5 ～ 4cm。花期 4 ～ 7 月，果期 10 月至翌年 1 月。

分布： 产于我国海南。本种模式标本采自海南三亚崖州南山岭。

生境： 生于低海拔至中海拔的山地常绿阔叶林中。

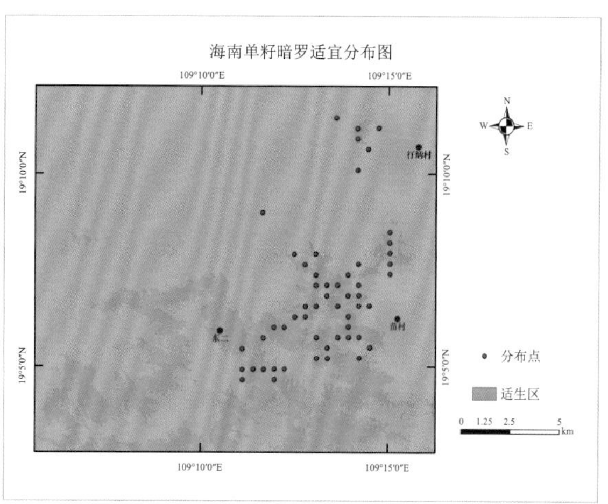

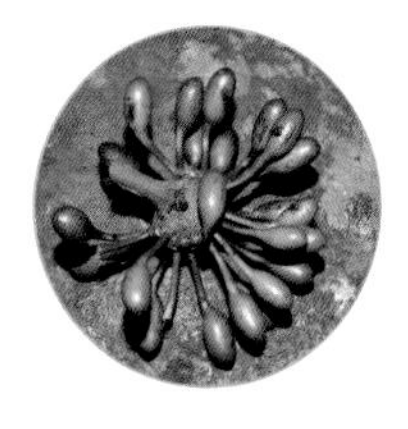

取食部位

取食月份

海南单籽暗罗	1	2	3	4	5	6	7	8	9	10	11	12

6 白叶瓜馥木 *Fissistigma glaucescens*（Hance）Merr.

番荔枝科 Annonaceae 瓜馥木属 *Fissistigma*

形态特征： 攀援灌木，长达 3m；枝条无毛。叶近革质，长圆形或长圆状椭圆形，有时倒卵状长圆形，长 3 ～ 19.5cm，宽 1.2 ～ 5.5cm，顶端通常圆形，少数微凹，基部圆形或钝形，两面无毛，叶背白绿色，干后苍白色；侧脉每边 10 ～ 15 条，在叶面稍凸起，下面凸起；叶柄长约 1cm。花数朵集成聚伞式的总状花序，花序顶生，长达 6cm，被黄色绒毛；萼片阔三角形，长约 2mm；外轮花瓣阔卵圆形，长约 6mm，被黄色柔毛，内轮花瓣卵状长圆形，长约 5mm，外面被白色柔毛；药隔三角形；心皮约 15 个，被褐色柔毛，花柱圆柱状，柱头顶端 2 裂，每心皮有胚珠 2 颗。果圆球状，直径约 8mm，无毛。花期 1 ～ 9 月，果期几乎全年。
分布： 产于我国海南、广西、广东、福建和台湾。在越南也有分布。本种模式标本采自广东南部岛屿。
生境： 生于山地林中，为常见的植物。

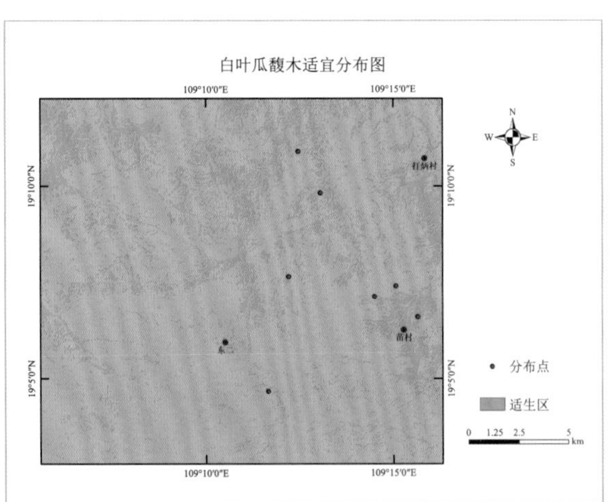

取食部位

取食月份

白叶瓜馥木	1	2	3	4	5	6	7	8	9	10	11	12

7 假鹰爪 *Desmos chinensis* Lour.

番荔枝科 Annonaceae 假鹰爪属 *Desmos*

形态特征： 直立或攀援灌木，有时上枝蔓延，除花外，全株无毛；枝皮粗糙，有纵条纹，有灰白色凸起的皮孔。叶薄纸质或膜质，长圆形或椭圆形，少数为阔卵形，长 4 ～ 13cm，宽 2 ～ 5cm，顶端钝或急尖，基部圆形或稍偏斜，上面有光泽，下面粉绿色。花黄白色，单朵与叶对生或互生；花梗长 2 ～ 5.5cm，无毛；萼片卵圆形，长 3 ～ 5mm，外面被微柔毛；外轮花瓣比内轮花瓣大，长圆形或长圆状披针形，长达 9cm，宽达 2cm，顶端钝，两面被微柔毛，内轮花瓣长圆状披针形，长达 7cm，宽达 1.5cm，两面被微毛；花托凸起，顶端平坦或略凹陷；雄蕊长圆形，药隔顶端截形；心皮长圆形，长 1 ～ 1.5mm，被长柔毛，柱头近头状，向外弯，顶端 2 裂。果有柄，念珠状，长 2 ～ 5cm，内有种子 1 ～ 7 颗；种子球状，直径约 5mm。花期夏至冬季，果期 6 月至翌年春季。

分布： 产于我国海南、广东、广西、云南和贵州等地。在印度、老挝、柬埔寨、越南、马来西亚、新加坡、菲律宾和印度尼西亚也有分布。

生境： 生于丘陵山坡、林缘灌木丛中或低海拔旷地、荒野及山谷等地。

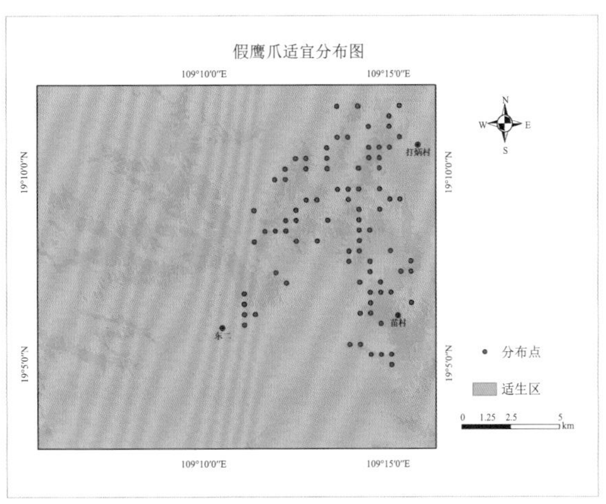

取食部位

取食月份

假鹰爪	1	2	3	4	5	6	7	8	9	10	11	12

8 蕉木 *Chieniodendron hainanense*（Merr.）Tsiang et P. T. Li

番荔枝科 Annonaceae 蕉木属 *Chieniodendron*

形态特征： 常绿乔木，高达 16m，胸径达 50cm；小枝、小苞片、花梗、萼片外面、外轮花瓣两面、内轮花瓣外面和果实均被锈色柔毛。叶薄纸质，长圆形或长圆状披针形，长 6～10cm，宽 2～3.5cm，顶端短渐尖，基部圆形，除叶柄和叶脉被柔毛外无毛；中脉上面凹陷，下面凸起，侧脉每边 6～10 条，斜升，未达叶缘网结，上面扁平，下面凸起；叶柄长 4～5mm。花黄绿色，直径约 1.5cm，1～2 朵腋生或腋外生；花梗长 6～7mm，基部有小苞片；小苞片卵圆形，长 2～4mm；萼片卵圆状三角形，长 4～5mm，宽 4～5mm，顶端钝；外轮花瓣长卵圆形，长 14～17mm，宽 10～11mm，内轮花瓣略厚而短，长 14mm，宽 8～9mm；雄蕊长 2mm；心皮长圆形，密被长柔毛，柱头棍棒状，直立，基部缢缩，顶端全缘，被疏短柔毛。果长圆筒状或倒卵状，长 2～5cm，直径 2～2.5cm，外果皮有凸起纵脊，种子间有缢纹；种子黄棕色，斜四方形，长 16mm；胚小，直立，基生，狭长圆形，长 5mm。花期 4～12 月，果期 8 月至翌年 3 月。

分布： 产于我国海南和广西。本种模式标本采自海南五指山。

生境： 生于山谷水旁密林中。

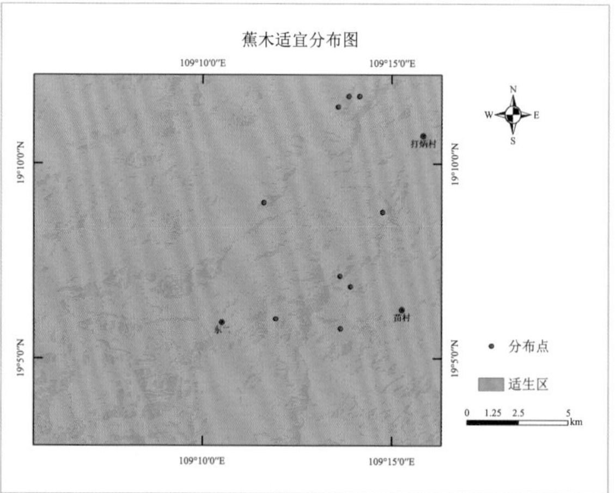

取食部位

取食月份

蕉木	1	2	3	4	5	6	7	8	9	10	11	12

9 刺果紫玉盘 *Uvaria calamistrata* Hance

番荔枝科 Annonaceae 紫玉盘属 *Uvaria*

形态特征：攀援灌木；幼枝被锈色星状柔毛，老枝几无毛。叶近革质或厚纸质，长圆形、椭圆形或倒卵状长圆形，长 5 ～ 17cm，宽 2 ～ 7cm，顶端长渐尖或急尖，基部钝或圆形，叶面被稀疏星状短柔毛，老渐无毛，叶背密被锈色星状绒毛；侧脉每边 8 ～ 10 条，在叶面稍下凹或扁平，在叶背凸起；叶柄长 5 ～ 10mm，被星状绒毛。花淡黄色，直径约 1.8cm，单生或 2 ～ 4 朵组成密伞花序，腋生或与叶对生；萼片卵圆形，两面被锈色绒毛；内外轮花瓣近等大或外轮稍大于内轮，长圆形，长约 8mm，两面被短柔毛；药隔顶端，圆形或钝，被微毛；心皮 7 ～ 15 个，被毛，柱头明显 2 裂而内卷，每心皮有胚珠 6 ～ 9 颗。果椭圆形，长 2 ～ 3.5cm，直径 1.5 ～ 2.5cm，成熟时红色，密被黄色绒毛状的软刺，内有种子约 6 颗；种子扁三角形，长约 1cm，宽 8mm，黄褐色。花期 5 ～ 7 月，果期 7 ～ 12 月。

分布：产于我国海南、广东和广西。在越南也有分布。本种模式标本采自广东南部岛屿。

生境：生于低海拔至中海拔山地林中或山谷水沟旁灌木丛中。

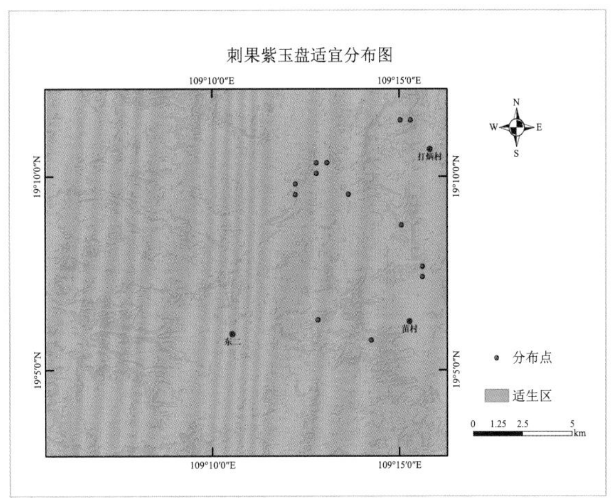

取食月份

刺果紫玉盘	1	2	3	4	5	6	7	8	9	10	11	12

10 光叶紫玉盘 *Uvaria boniana* Finet et Gagnep.

番荔枝科 Annonaceae 紫玉盘属 *Uvaria*

形态特征：攀援灌木，除花外全株无毛。叶纸质，长圆形至长圆状卵圆形，长 4 ～ 15cm，宽 1.8 ～ 5.5cm，顶端渐尖或急尖，基部楔形或圆形；侧脉每边 8 ～ 10 条，纤细，两面稍凸起，网脉不明显；叶柄长 2 ～ 8mm。花紫红色，1 ～ 2 朵与叶对生或腋外生；花梗柔弱，长 2.5 ～ 5.5cm，中部以下通常有小苞片；萼片卵圆形，长 2.5 ～ 3mm，被缘毛；花瓣革质，两面顶端被微毛，外轮花瓣阔卵形，长和宽约 1cm，内轮花瓣比外轮花瓣稍小，内面凹陷；药隔顶端截形，有小乳头状凸起；心皮长圆形，内弯，密被黄色柔毛，柱头马蹄形，顶端 2 裂，每心皮有胚珠 6 ～ 8 颗。果球形或椭圆状卵圆形，直径约 1.3cm，成熟时紫红色，无毛；果柄细长，长 4 ～ 5.5cm，无毛。花期 5 ～ 10 月，果期 6 月至翌年 4 月。

分布：产于我国江西、海南、广东和广西。在越南也有分布。

生境：生于丘陵山地疏密林中较湿润的地方。

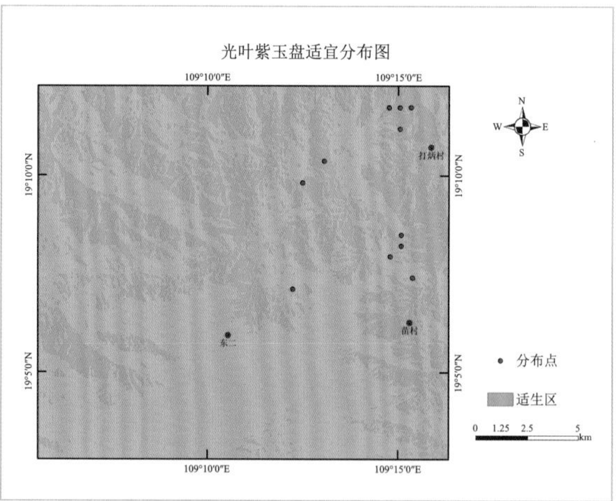

取食部位

取食月份

光叶紫玉盘	1	2	3	4	5	6	7	8	9	10	11	12

11 钝叶厚壳桂 *Cryptocarya impressinervia* H. W. Li

樟科 Lauraceae 厚壳桂属 *Cryptocarya*

形态特征： 乔木，高达18m，胸径30cm；树皮褐色或灰褐色。老枝纤细，具纵向条纹及皮孔，密被锈色或黑褐色短柔毛，幼枝多少具棱角，直径约3mm，密被锈色短柔毛。叶互生，长椭圆形，长10～19cm，宽4.8～8cm，先端钝，具小突尖或具缺刻，罕为急尖，基部宽楔形、钝至近圆形，厚革质，干时上面黄绿色，下面淡绿色，上面除沿中脉及侧脉被锈色短柔毛外余部无毛，下面全面被短柔毛，羽状脉，中脉及侧脉在上面稍凹陷，下面明显凸起，侧脉每边约7～9条，横脉上面多少凹陷，下面明显，细脉疏网状，下面明显，叶柄粗壮，长1～1.5cm，腹平背凸，密被锈色短柔毛。圆锥花序顶生及腋生，长达14cm，密被锈色短柔毛，多分枝，下部分枝长5～6cm，具长达6cm的总梗；苞片及小苞片宽卵圆形，长达3mm，两面被锈色短柔毛。花绿带黄色，长约3mm；花梗长不及1mm，密被锈色短柔毛。花被外面密被、内面疏被锈色短柔毛，花被筒陀螺状，长1.5mm，花被裂片卵圆形，长1.5mm，先端急尖。能育雄蕊9枚，长约1.5mm，花丝被柔毛，花药2室，第一、二轮雄蕊花药药室内向，花丝无腺体，第三轮雄蕊花药药室外向，花丝基部有一对具柄的近圆形腺体。退化雄蕊位于最内轮，箭头状长三角形，具短柄。子房棍棒状，连花柱长2.5mm，花柱线形，柱头不明显。果椭圆形，长10～12mm，直径6～8mm，干时黑色，近无毛或顶端略被短柔毛，有稍明显的纵棱12条。花期6～7月，果期8月至翌年1月。

分布： 产于我国海南。

生境： 生于山谷常绿阔叶林中，溪畔或沿河岸等处，海拔250～1100m。

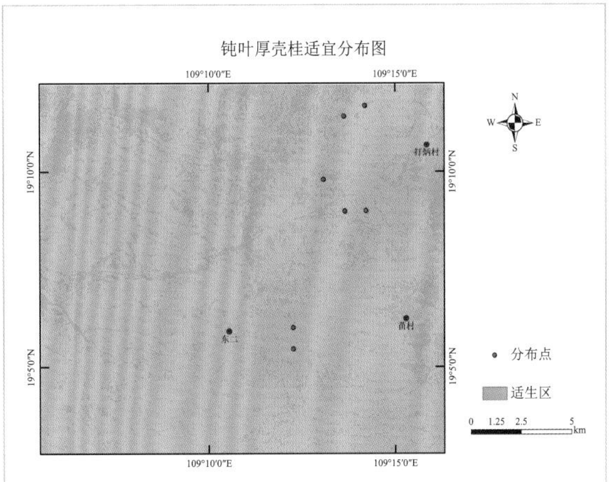

取食部位

取食月份

钝叶厚壳桂	1	2	3	4	5	6	7	8	9	10	11	12

12 厚壳桂 *Cryptocarya chinensis*（Hance）Hemsl.

樟科 Lauraceae 厚壳桂属 *Cryptocarya*

形态特征：乔木，高达 20m，胸径达 10cm；树皮暗灰色，粗糙。老枝粗壮，多少具棱角，淡褐色，疏布皮孔；小枝圆柱形，具纵向细条纹，初时被灰棕色小绒毛，后毛被逐渐脱落。叶互生或对生，长椭圆形，长 7 ~ 11cm，宽（2）3.5 ~ 5.5cm，先端长或短渐尖，基部阔楔形，革质，两面幼时被灰棕色小绒毛，后毛被逐渐脱落，上面光亮，下面苍白色，具离基三出脉，中脉在上面凹陷，下面凸起，基部的一对侧脉对生，自叶基 2 ~ 5mm 处生出，中脉上部有互生的侧脉 2 ~ 3 对，横脉纤细，近波状，细脉网状，两面均明显；叶柄长约 1cm，腹凹背凸。圆锥花序腋生及顶生，长 1.5 ~ 4cm，具梗，被黄色小绒毛。花淡黄色，长约 3mm；花梗极短，长约 0.5mm，被黄色小绒毛。花被两面被黄色小绒毛，花被筒陀螺形，短小，长 1 ~ 1.5mm，花被裂片近倒卵形，长约 2mm，先端急尖。能育雄蕊 9，花丝被柔毛，略长于花药，花药 2 室，第一、二轮雄蕊长约 1.5mm，花药药室内向，第三轮雄蕊长约 1.7mm，花丝基部有一对棒形腺体，花药药室侧外向。退化雄蕊位于最内轮，钻状箭头形，被柔毛。子房棍棒状，长约 2mm，花柱线形，柱头不明显。果球形或扁球形，长 7.5 ~ 9mm，直径 9 ~ 12mm，熟时紫黑色，约有纵棱 12 ~ 15 条。花期 4 ~ 5 月，果期 8 ~ 12 月。

分布：产于我国四川、广西、广东、海南、福建及台湾。

生境：生于山谷阴蔽的常绿阔叶林中，海拔 300 ~ 1100m。

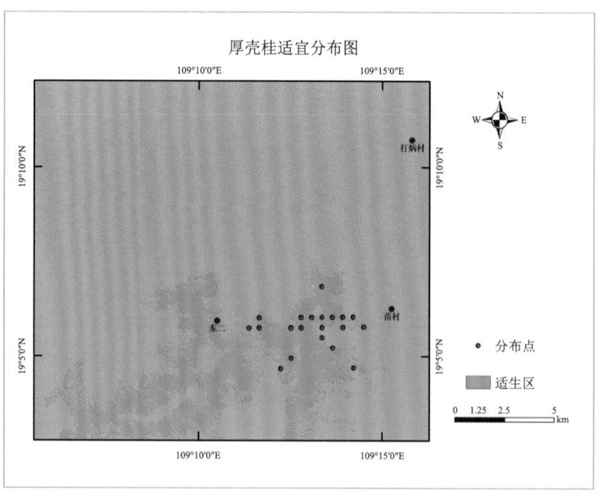

取食部位

取食月份

厚壳桂	1	2	3	4	5	6	7	8	9	10	11	12

13 长序厚壳桂 *Cryptocarya metcalfiana* Allen

樟科 Lauraceae 厚壳桂属 *Cryptocarya*

形态特征： 乔木，高达30m，胸径30cm。老枝粗壮，褐色，具棱角，有灰褐色皮孔，无毛；幼枝具棱角及纵向细条纹，被稀疏的短柔毛。叶互生，披针形，披针状长椭圆形，披针状卵圆形至卵圆形，长5～12（14）cm，宽2.5～4（5.5）cm，先端急尖、钝或短渐尖，基部楔形，两侧常不对称，革质，两面无毛，上面光亮，下面略带粉绿，中脉在上面凹陷，下面凸起，侧脉每边3～7条，上面略凹陷，下面凸起，细脉网状，上面不明显，下面明显，叶柄长1～2cm，腹平背凸，无毛。圆锥花序近总状，腋生及顶生，多花，通常较叶长，长约10cm，被褐色柔毛，最末的花枝短，带苍白色，有花2～3朵。花淡绿黄色，长3mm；花梗纤细，长约1mm，被短柔毛。果长椭圆形，长1.4～2.5cm，直径1～1.1cm，幼时绿色，熟时黑色，无毛，纵棱不明显，果梗增粗，长2～3mm。果期6～12月。

分布： 产于我国海南。

生境： 生于常绿阔叶林中，海拔达900m。

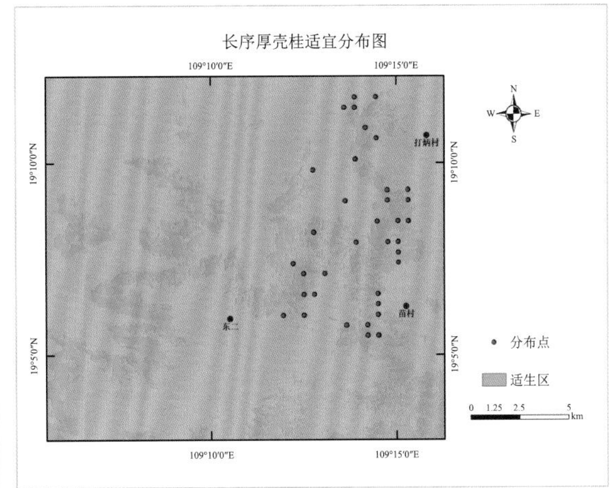

取食月份

长序厚壳桂	1	2	3	4	5	6	7	8	9	10	11	12

14 白背黄肉楠 *Actinodaphne glaucina* Allen

樟科 Lauraceae 黄肉楠属 *Actinodaphne*

形态特征：乔木，高达 10m，胸径达 30cm，树皮褐灰色。小枝褐色，幼时被锈色绒毛，老时脱落渐变无毛。顶芽圆锥形，密被锈色绒毛。叶 5 ～ 9 片簇生于枝端成轮生状，长披针形，长 13 ～ 28cm，个别可达 34cm，宽 2.5 ～ 4（～ 8）cm，先端急尖或渐尖，基部渐狭或急尖，近革质，上面深绿色，幼时沿中脉有锈色绒毛，下面粉绿或苍白，幼时被柔毛，沿脉毛密，成长时渐脱落无毛，被白粉，羽状脉，中脉在叶两面均隆起，侧脉每边约 10 条，斜展，先端略弯曲，在叶上面微平，下面隆起，横脉纤细，在上面稍明显，在下面明显，叶柄长 12 ～ 20mm，有锈色绒毛。果序伞形，单生，总梗长 2 ～ 6mm，被贴伏短柔毛；每一果序有果 4 ～ 5 枚；果实球形，直径 7 ～ 10mm，熟时黑色，着生于略扁平的、直径约 5mm、深约 2mm 的浅盘状果托上，果梗长约 5mm，顶端稍增粗，有贴伏短柔毛。果期 10 月。

分布：产于我国海南（保亭、琼中）。

生境：生于混交林中。

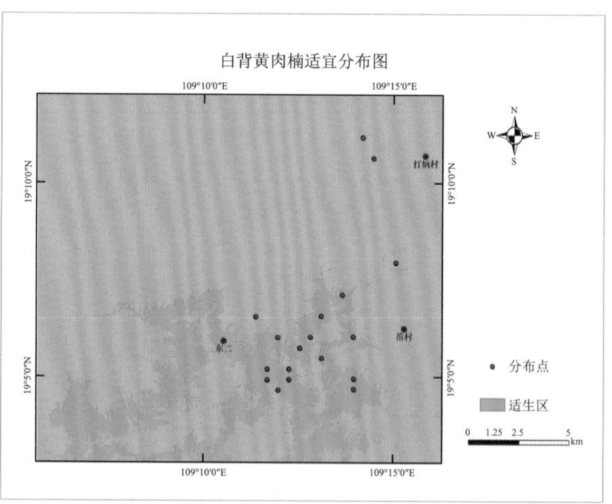

取食部位

取食月份

白背黄肉楠	1	2	3	4	5	6	7	8	9	10	11	12

15 大萼木姜子 *Litsea baviensis* Lec.

樟科 Lauraceae 木姜子属 *Litsea*

形态特征： 常绿乔木，高达 20m，胸径 60cm；树皮灰白色或灰黑色。小枝灰褐色，幼时有柔毛。顶芽裸露，卵圆形，外被黄褐色短柔毛。叶互生，椭圆形或长椭圆形，长 11～20(24)cm，宽 3～6.5(7.5)cm，先端短渐尖或钝，基部楔形，革质，上面深绿色，下面粉绿色，有微柔毛，羽状脉，中脉于叶上面平或微突，在下面突起，侧脉每边 7～8 条，纤细，于上面略下陷，下面明显突起，小脉不甚明显；叶柄长 1～1.6cm，稍粗壮。伞形花序常几个簇生一起，腋生短枝上，短枝长 2～3mm，被柔毛；苞片卵形，长 4mm，外面有黄褐色微柔毛；花梗短，被柔毛；花被裂片 6，宽卵形，外面有短柔毛，边缘有睫毛；能育雄蕊 9，花丝有稀疏柔毛或近无毛，第三轮基部的腺体小。果椭圆形，长 2.5～3cm，直径 1.7～2cm，顶端平，光亮而滑，中间有 1 小尖，成熟时紫黑色；果托杯状，厚木革质，状如壳、斗，深 1～1.5(2)cm，直径 2.5～3cm，带灰色，外面有疣状突起；果梗长约 3mm，粗壮。花期 5～6 月，果期 2～3 月，但也有在 9 月采得果实，可能一年内有二次果期。本种具大型厚木质状如壳斗的杯状果托，果大，顶端平而光亮平滑，极易识别。

分布： 产于我国海南、广西、云南东南部。

生境： 生于密林中或林中溪旁处，海拔 400～2000m。

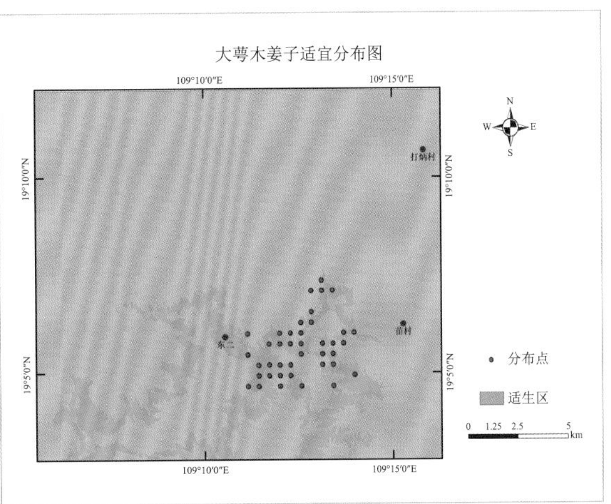

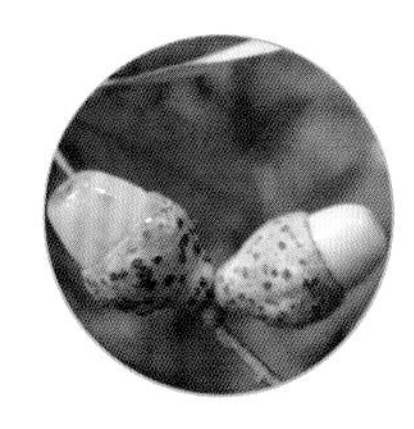

取食部位

取食月份

大萼木姜子	1	2	3	4	5	6	7	8	9	10	11	12

16 黄椿木姜子 *Litsea variabilis* Hemsl.

樟科 Lauraceae 木姜子属 *Litsea*

生态特征： 常绿灌木或乔木，高达 15m；树皮灰色，灰褐色或黑褐色。小枝纤细，有微柔毛或近于无毛。顶芽圆锥形，外面被灰色贴伏短柔毛。叶对生或近对生，也兼有互生，形状多变化，一般为椭圆形或倒卵形，长 5 ~ 7cm，有时达 14cm，宽 2 ~ 4.5cm，先端渐尖，钝或略圆，基部楔形或宽楔形，革质，干时常带红色，无毛或近于无毛，羽状脉，侧脉每边 5 ~ 6 条，纤细，在叶片上面平，在下面突起，中脉在上面下陷，在下面突起，网脉在下面较明显；叶柄长 8 ~ 10mm，褐色，近基部处膨大，无毛或近于无毛。伞形花序常 3 ~ 8 个集生叶腋，极少单生；总梗短，有短柔毛；苞片小；每一雄花序有花 3 朵；花梗极短，花被裂片 6，匙形，外面中肋有柔毛；能育雄蕊 9，花丝被疏毛，腺体小，圆形，黄色，近于无柄。果球形，直径 7 ~ 8mm，熟时黑色；果托碟状，直径约 5mm；果梗极粗短，与果托相连无明显界线。花期 5 ~ 11 月，果期 9 月至翌年 5 月。

分布： 产于我国广东、广西南部、海南。在老挝和越南也有分布。

生境： 生于阔叶林中或林中溪旁，海拔 300 ~ 1700m。

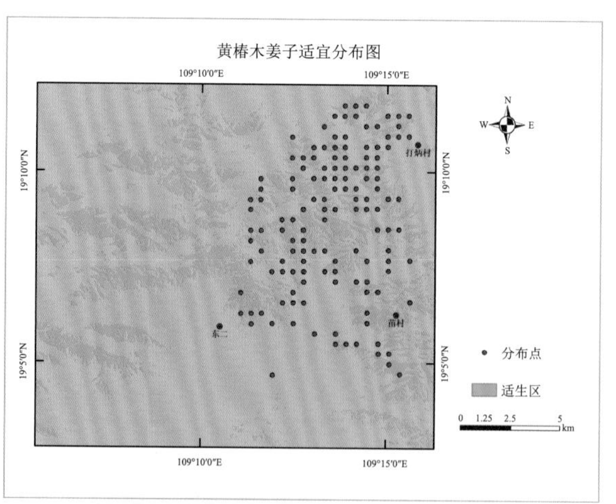

取食部位

取食月份

黄椿木姜子	1	2	3	4	5	6	7	8	9	10	11	12

17 黄丹木姜子 *Litsea elongata*（Wall. ex Nees）Benth. et Hook. f.

樟科 Lauraceae 木姜子属 *Litsea*

形态特征： 常绿小乔木或中乔木，高达 12m，胸径达 40cm；树皮灰黄色或褐色。小枝黄褐至灰褐色，密被褐色绒毛。顶芽卵圆形，鳞片外面被丝状短柔毛。叶互生，长圆形、长圆状披针形至倒披针形，长 6 ～ 22cm，宽 2 ～ 6cm，先端钝或短渐尖，基部楔形或近圆，革质，上面无毛，下面被短柔毛，沿中脉及侧脉有长柔毛，羽状脉，侧脉每边 10 ～ 20 条，中脉及侧脉在叶上面平或稍下陷，在下面突起，横行小脉在下面明显突起，网脉稍突起；叶柄长 1 ～ 2.5cm，密被褐色绒毛。伞形花序单生，少簇生；总梗通常较粗短，长 2 ～ 5mm，密被褐色绒毛；每一花序有花 4 ～ 5 朵；花梗被丝状长柔毛；花被裂片 6，卵形，外面中肋有丝状长柔毛，雄花中能育雄蕊 9 ～ 12 枚，花丝有长柔毛；腺体圆形，无柄，退化雌蕊细小，无毛；雌花序较雄花序略小，子房卵圆形，无毛，花柱粗壮，柱头盘状；退化雄蕊细小，基部有柔毛。果长圆形，长 11 ～ 13mm，直径 7 ～ 8mm，成熟时黑紫色；果托杯状，深约 2mm，直径约 5mm；果梗长 2 ～ 3mm。花期 5 ～ 11 月，果期 2 ～ 6 月。本种叶形、大小变化较大，尤其是生长在多次砍伐的杂木林内或茂密的灌丛中，其萌发枝的叶片变化尤大，呈条状披针形或长披针形，长达 27cm，宽 1 ～ 3cm，叶脉多而密，不整齐，近水平开展。

分布： 产于我国海南、广东、广西、湖南、湖北、四川、贵州、云南、西藏、安徽、浙江、江苏、江西、福建。在尼泊尔、印度也有分布。

生境： 生于山坡路旁、溪旁、杂木林下，海拔 500 ～ 2000m。

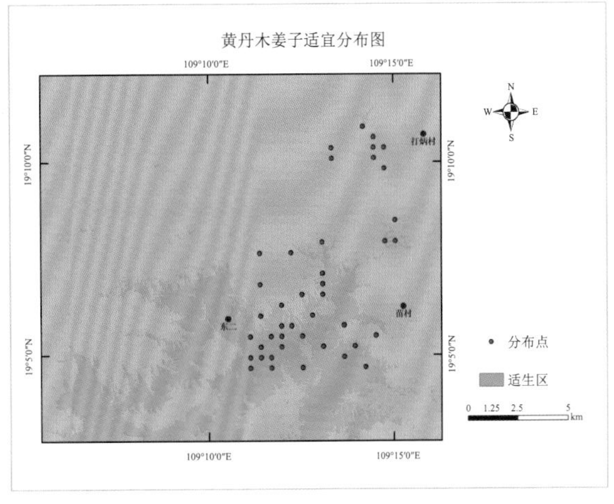

取食部位

取食月份

黄丹木姜子	1	2	3	4	5	6	7	8	9	10	11	12

18 假柿木姜子 *Litsea monopetala*（Roxb.）Pers.

樟科 Lauraceae 木姜子属 *Litsea*

形态特征： 常绿乔木，高达 18m，直径约 15cm；树皮灰色或灰褐色。小枝淡绿色，密被锈色短柔毛。顶芽圆锥形，外面密被锈色短柔毛。叶互生，宽卵形、倒卵形至卵状长圆形，长 8 ～ 20cm，宽 4 ～ 12cm，先端钝或圆，偶有急尖，基部圆或急尖，薄革质，幼叶上面沿中脉有锈色短柔毛，老时渐脱落变无毛，下面密被锈色短柔毛，羽状，侧脉每边 8 ～ 12 条，有近平行的横脉相联，侧脉较直，中脉、侧脉在叶上面均下陷，在下面突起；叶柄长 1 ～ 3cm，密被锈色短柔毛。伞形花序簇生叶腋，总梗极短；每一花序有花 4 ～ 6 朵或更多；花序总梗长 4 ～ 6mm；苞片膜质；花梗长 6 ～ 7mm，有锈色柔毛；雄花花被片 5 ～ 6，披针形，长 2.5mm，黄白色；能育雄蕊 9 枚，花丝纤细，有柔毛，腺体有柄；雌花较小；花被裂片长圆形，长 1.5mm，退化雄蕊有柔毛；子房卵形，无毛。果长卵形，长约 7mm，直径 5mm；果托浅碟状，果梗长 1cm。花期 11 月至翌年 5 ～ 6 月，果期 6 ～ 7 月。

分布： 产于我国海南、广东、广西、贵州西南部、云南南部。在东南亚各国及印度、巴基斯坦也有分布。

生境： 生于阳坡灌丛或疏林中，海拔可至 1500m，但多见于低海拔的丘陵地区。

取食部位

取食月份

假柿木姜子	1	2	3	4	5	6	7	8	9	10	11	12

19 红枝琼楠（平滑琼楠）*Beilschmiedia laevis* Allen

樟科 Lauraceae 琼楠属 *Beilschmiedia*

形态特征： 乔木，高达 20m；树皮灰黑色或灰褐色。小枝粗壮，常有槽纹，绿色，无毛。顶芽卵圆形，革质，常被灰褐色短绒毛或近无毛。叶对生或近对生，厚革质或革质，椭圆形或阔椭圆形，长 7 ～ 11（15）cm，宽 4 ～ 6cm，先端钝或短渐尖，尖头钝，基部阔楔形，微沿叶柄下延，上面亮绿色，下面绿色，干时两面均栗色，两面无毛，中脉在叶面下陷，侧脉每边 6 ～ 10 条，通常 7 条，小脉疏网状，粗壮，两面凸起；叶柄长 1.5 ～ 3cm。花序未见。果序近顶生，果椭圆形，或阔椭圆形，长 1.7 ～ 2.6cm，直径 1.2 ～ 2cm，未成熟绿色，成熟后深褐色，两端浑圆，表面光滑，无毛；果梗粗壮，直径 3 ～ 6mm，长 1 ～ 3.5cm。果期 2 ～ 12 月。

分布： 产于我国海南、广西。在越南也有分布。

生境： 常生于海拔 500 ～ 900m 的山坡和山谷密林中。

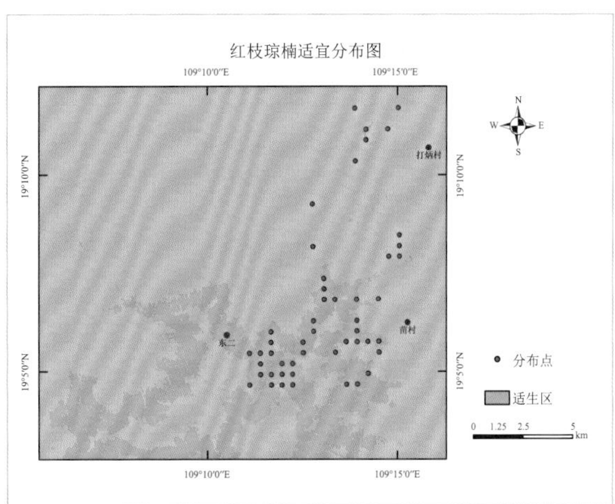

取食部位

取食月份

红枝琼楠	1	2	3	4	5	6	7	8	9	10	11	12

20 粗壮润楠 *Machilus robusta* W. W. Sm.

樟科 Lauraceae 润楠属 *Machilus*

形态特征： 乔木，高达 15（20）m，胸径达 40cm；树皮粗糙，黑灰色。枝条粗壮，圆柱形，具纵细沟纹，幼时多少压扁，略被微柔毛，老时变无毛，散布栓质皮孔。芽小，卵形，鳞片浅棕色，外面密被微柔毛。叶狭椭圆状卵形至倒卵状椭圆形或近长圆形，长 10～20（26）cm，宽（2.5）5.5～8.5cm，先端近锐尖，有时短渐尖，基部近圆形或宽楔形，厚革质，两面极无毛，上面绿色，下面粉绿色，中脉上面凹陷，下面十分凸起，变红色，侧脉每边约（5）7～9条，彼此相距约2.5cm，上面近平坦，下面凸起，弧曲上升，在叶缘之内网结，小脉网状，两面明显，构成蜂巢状小窝穴；叶柄长 2.5～5cm。花序生于枝顶和先端叶腋，多数聚集，长 4～12（16）cm，多花，分枝；总梗长 2.5～11.5cm，粗壮，与各级序轴压扁，且带红色，初时密被蛛丝状短柔毛，后毛被渐稀疏；苞片和小苞片细小，线形或线状披针形，长约 3mm，宽约 1mm，密被蛛丝状短柔毛，早落；花大，长 7～8（10）mm，灰绿、黄绿或黄色；花梗长 5～8mm，被短柔毛，带红色；花被筒短小，倒锥形，长约 1mm，花被裂片近等大，卵圆状披针形，长 6～7（9）mm，宽 2～3（3.5）mm，先端锐尖，两面略被小柔毛至近无毛；能育雄蕊第一、二轮长 6～7mm，基部有少许柔毛，花药长约 2mm，花丝无腺体，或有部分或全部具 2 腺体，第三轮雄蕊略长，花丝脊上有微毛，基部扁平扩大，有成对具短柄的圆状肾形腺体；退化雄蕊三角状箭形，连柄长达 3mm，无毛；子房近球形，长 2.5mm，无毛，花柱丝状，柱头小，不明显。果球形，直径达 2.5～3cm；未成熟时深绿色，成熟时蓝黑色；宿存花被片不增大；果梗增粗，长 1～1.5cm，粗达 3mm，深红色。花期 1～4 月，果期 4～6 月。

分布： 产于我国云南南部、贵州南部、广西、广东、海南。在缅甸也有分布。

生境： 生于常绿阔叶林或开旷灌丛中，在贵州、广东、广西、海南见于海拔 600～900m，在云南见于海拔 1000～1800（2100）m。

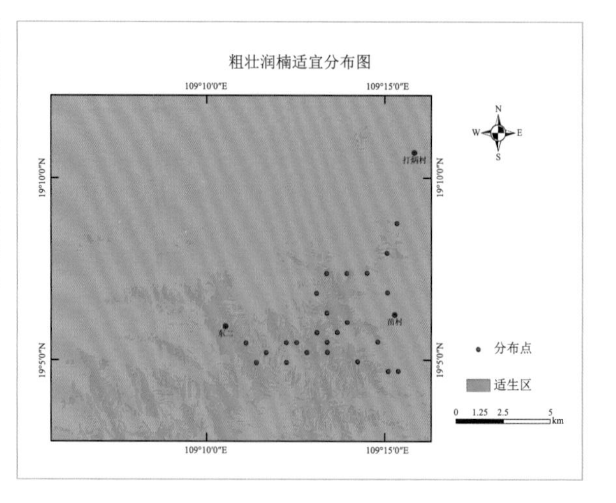

取食部位

取食月份

粗壮润楠	1	2	3	4	5	6	7	8	9	10	11	12

21 芳槁润楠（黄心树）*Machilus gamblei* King ex J. D. Hooker

樟科 Lauraceae 润楠属 *Machilus*

形态特征： 乔木，高 7m，直径达 24cm。小枝圆柱形，稍细弱，当年生枝密被薄而纤细的黄灰色绢毛，被毛很迟脱落，一年生及更老枝条渐变无毛，渐呈黑褐色，有稀疏的近圆形而稍为凸起的叶痕，在一、二、三年生枝先端有 3 ～ 5 环紧密的芽鳞痕。顶芽细小，卵形，有棕色绒毛；腋芽微小，短圆锥形，深褐色。叶长椭圆形、倒卵形至倒披针形，长 6 ～ 11cm，宽 1.5 ～ 3.8cm，先端钝急尖或短渐尖，基部急短尖，薄革质，上面稍光亮，下面粉绿色，干后带褐色，有绢状微毛，但嫩叶两面均有绢状微小柔毛，且在叶背较密，中脉上面下陷，有微毛，下面明显突起，侧脉每边 7 ～ 8 条，纤细，两面都只稍微凸起，网脉极纤细，结成密网状，在放大镜下可见；叶柄长 1 ～ 2cm，有绢毛。圆锥花序生在嫩枝的下部，长 4 ～ 8cm，密被绢状毛，在上部分枝，总梗长 3 ～ 5.5cm，下部的分枝长 2 ～ 5mm，有花 3 朵，其余的分枝短或极短缩以至不分枝，有花 2 朵或 1 朵，梢端有花 3 朵，有时与接近梢端的数花构成伞状。花少数，稀疏，白色或淡黄色，香，花梗线状，长约 5mm，花被裂片等长，长圆形，长约 4mm，宽约 1.5mm，两面均有绢状毛，内面毛被较稀疏，外轮裂片稍狭；雄蕊长 3mm，基部有黄色束毛，第三轮雄蕊腺体近肾形，有短柄；子房球形，直径约 1mm，花柱较子房长，略弯曲，柱头稍扩大，2 浅裂。果序长 6.5 ～ 13cm，稍纤细，有绢毛；果球形，直径约 7mm，黑色。花期 3 ～ 4 月，果期 5 ～ 6 月。

分布： 产于我国海南、广东、广西。

生境： 生于低海拔的阔叶混交疏林或密林中。

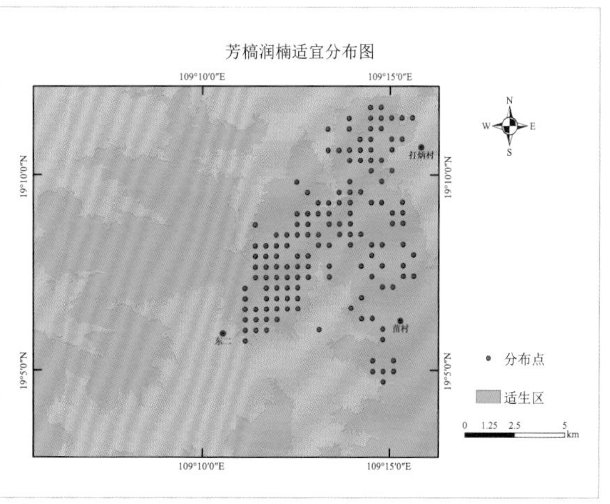

取食部位

取食月份

芳槁润楠	1	2	3	4	5	6	7	8	9	10	11	12

22 华润楠 *Machilus chinensis*（Champ. ex Benth.）Hemsl.

樟科 Lauraceae 润楠属 *Machilus*

形态特征： 乔木，高约 8 ～ 11m，无毛。芽细小，无毛或有毛。叶倒卵状长椭圆形至长椭圆状倒披针形，长 5 ～ 8（10）cm，宽 2 ～ 3（4）cm，先端钝或短渐尖，基部狭，革质，干时下面稍粉绿色或褐黄色，中脉在上面凹下，下面凸起，侧脉不明显，每边约 8 条，网状小脉在两面上形成蜂巢状浅窝穴；叶柄长 6 ～ 14mm。圆锥花序顶生，2 ～ 4 个聚集，常较叶为短，长约 3.5cm，在上部分枝，有花 6 ～ 10 朵，总梗约占全长的 3/4；花白色，花梗长约 3mm；花被裂片长椭圆状披针形，外面有小柔毛，内面或内面基部有毛，内轮的长约 4mm，宽 1.8 ～ 2.5mm，外轮的较短；雄蕊长 3 ～ 3.5mm，第三轮雄蕊腺体几无柄，退化雄蕊有毛；子房球形。果球形，直径 8 ～ 10mm；花被裂片通常脱落，间有宿存。花期 11 月，果期翌年 2 ～ 5 月。

分布： 产于我国海南、广东、广西。在越南也有分布。

生境： 生于山坡阔叶混交疏林或矮林中。

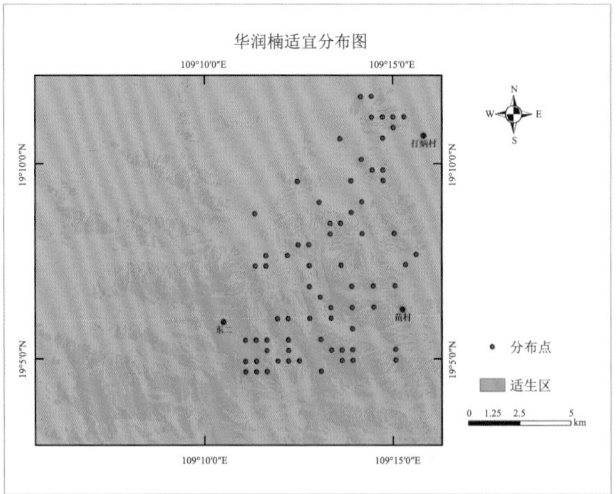

取食部位

取食月份

华润楠	1	2	3	4	5	6	7	8	9	10	11	12

23 尖峰润楠 *Machilus monticola* S. Lee

樟科 Lauraceae 润楠属 *Machilus*

形态特征： 乔木，高达 20m。小枝无毛，灰褐色。叶常聚生枝梢，近对生或近轮生，倒卵形、倒卵状椭圆形或椭圆形，长 6 ~ 12.5cm，宽 2 ~ 5.6cm，先端钝或近圆形，基部渐狭，革质，两面无毛，上面稍光亮，下面略粉绿，中脉在上面凹下，下面凸起，侧脉纤细，每边 5 ~ 7 条，上面不甚明显，下面较明显，网脉上面不清晰，下面亦仅可见；叶柄略粗，长 1 ~ 1.2cm，无毛。圆锥花序顶生，长 2 ~ 7.5cm，在中部分枝；花梗纤细，长 4 ~ 6mm；花白色，花被筒杯状；花被裂片卵形，有圆形透明小油腺，外面疏生微柔毛，内面有浓密柔毛，外轮裂片略短，长约 2.5mm，内轮的长约 3.5mm，第一、第二轮雄蕊长约 2.5mm，第三轮长约 2mm；退化雄蕊三角状，长 0.5mm；子房卵形，长 1mm，花柱与子房等长，柱头 3 浅裂。果球形，直径约 2cm，幼时绿色带红，干时黑色；果梗稍变粗，长约 5mm。花期 10 月，果期 12 月。

分布： 产于我国海南。

生境： 生于山谷阔叶混交林中。

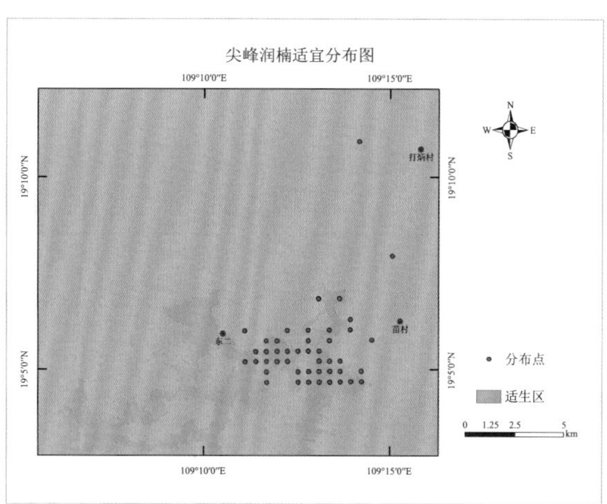

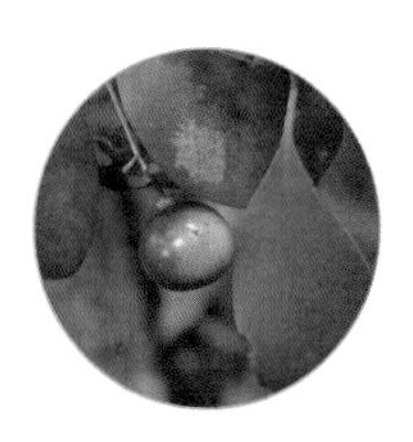

取食部位

取食月份

尖峰润楠	1	2	3	4	5	6	7	8	9	10	11	12

 梨润楠 *Machilus pomifera*（Kosterm.）S. Lee

樟科 Lauraceae 润楠属 *Machilus*

形态特征：乔木，高达 20m，胸径 60cm。枝条无毛，灰褐色，有散生的皮孔；嫩枝有小绢毛。顶芽近球形，芽鳞有带棕色的绒毛。叶椭圆形，近倒卵状椭圆形或倒披针形，长 5 ~ 12cm，宽 2 ~ 5cm，先端钝或圆，基部楔形或急尖，革质，两面无毛，下面带粉白色，中脉在上面微凹下，下面凸起，侧脉每边约 10 条，稍直，斜伸，纤细，小脉网状，两面不大明显；叶柄长 1 ~ 2.5cm，有小绢毛至几无毛。圆锥花序近顶生，生于新芽之下，长达 9cm，疏生小绢毛，少花，下端 2/3 无分枝，最下分枝长可达 6 ~ 10mm 或只在近顶端有少数极短的分枝；花长 3 ~ 4mm；花被裂片卵形，急尖，内外轮大小相等，长约 2mm，疏生微小绢毛；花药卵形，花丝稍长，基部有毛；第三轮雄蕊的腺体大，有短柄；退化雄蕊粗，先端箭头状，有短柄，背上和柄密被柔毛；子房无毛，花柱长约 1.5mm；柱头不明显。果球形，大，直径 3cm；果梗略增粗，长约 7mm；宿存花被开展或反曲。花期 7 ~ 9 月，果期 9 月至翌年 2 月。

分布：产于我国海南。

生境：生于常绿阔叶混交林中。

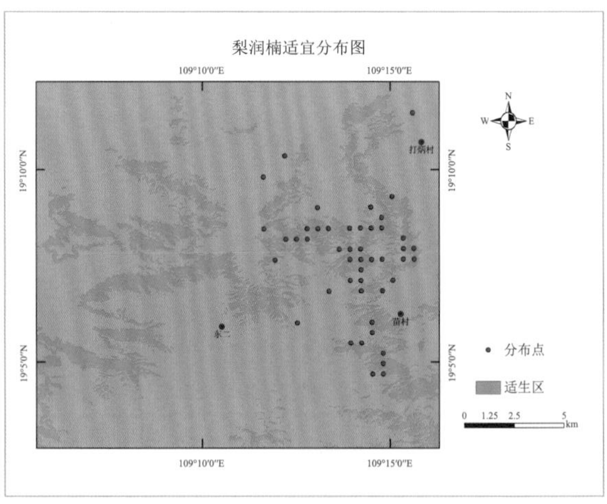

取食部位

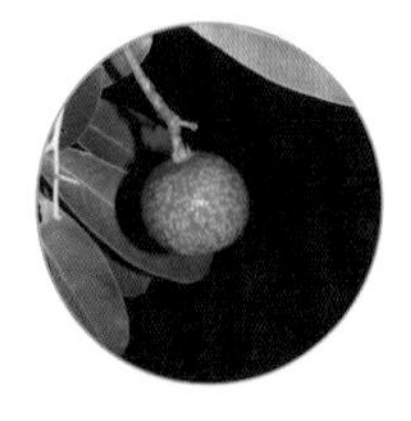

取食月份

梨润楠	1	2	3	4	5	6	7	8	9	10	11	12

25 广东山胡椒 *Lindera kwangtungensis*（Liou）Allen

樟科 Lauraceae 山胡椒属 *Lindera*

形态特征： 常绿乔木，高 6 ～ 30m；树皮淡灰褐色，有粗纵裂纹。小枝条绿色，干时黑褐色，多木栓质皮孔，当年枝条有棱。叶互生，椭圆状披针形，先端渐尖，基部楔形，长 6 ～ 12cm，宽 1.5 ～ 3cm，纸质偶或稍革质，上面绿色，有光泽，下面苍白绿色，两面无毛，羽状脉，侧脉每边（4）5 ～ 6 条，下面中脉淡黄绿色，甚突出而侧脉极不明显。伞形花序 2 ～ 3 个生于腋生短枝枝端，先叶发出；总梗长 10 ～ 20mm，被褐色微柔毛；总苞片 4，被棕褐色微柔毛，内有花 4 ～ 9 朵；花梗长 5 ～ 6cm，被棕色柔毛。花被片长圆形或卵状长圆形，近等长，长 4mm，两面被棕黄色毛，外面较密，有明显小圆腺点。雄花雄蕊近等长，长 4.5mm，花丝被毛，第三轮的基部着生 2 个具长柄肾形腺体，腺体柄长约 1mm；退化雌蕊细小，长不及 1mm，卵形，无毛，花柱、柱头不分而成一小凸尖。雌花退化雄蕊条形，被稀疏柔毛，第一轮长约 3mm，第二轮长 3.5mm，第三轮长 2.3mm，其中上部或近顶端着生 2 个长椭圆形腺体，长约 1mm；子房卵形，长约 2mm，直径 1.5mm，花柱长约 3mm，花柱及子房均无毛，柱头 2 裂，具乳突。果球形，直径 5 ～ 6mm，果梗长 4 ～ 6mm。花期 3 ～ 4 月，果期 8 ～ 9 月。

分布： 产于我国海南、广东、广西、福建、江西、贵州、四川等地。

生境： 生于海拔 1300m 以下山坡林中。

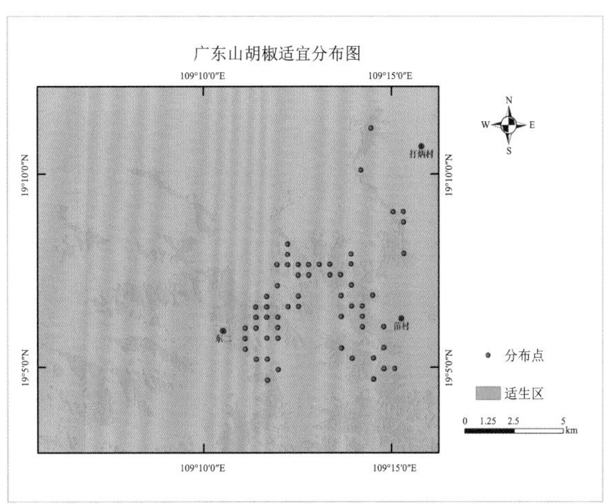

取食部位

取食月份

广东山胡椒	1	2	3	4	5	6	7	8	9	10	11	12

26 海南山胡椒 *Lindera robusta*（Allen）Tsui

樟科 Lauraceae 山胡椒属 *Lindera*

形态特征： 常绿乔木，高 5～10m；树皮灰褐色，有纵裂。枝条黑褐色，有纵条纹及木栓质皮孔，幼枝条粗壮，直径通常在 3mm 以上。叶互生，长圆形，长 8～16cm，宽 2.5～2.6cm，先端渐尖，基部楔形，革质，上面绿色，下面苍白绿色，两面无毛，边缘稍下卷，干时棕灰色，羽状脉，侧脉每边 4～5 条，中脉上面稍凹，下面明显凸出，侧脉上面稍凸，下面明显凸出，网脉粗，有时下面不明显，叶柄长 1.5～2cm，无毛。伞形花序 2～5 生于腋生短枝枝端；总梗长 1～1.2cm，无毛；总苞片 4，有花 7～9 朵；花梗长约 2mm，密被白色或淡棕色柔毛。雄花花被片等长，长圆形，先端圆，长 3.5mm，宽约 1mm，内外两面被白色柔毛，但外面较密，密布透明圆腺点，雄蕊花药三角形，花丝被毛，第一轮长 3mm，第二轮长 4mm，第三轮长 3mm，中下部有 2 个椭圆形具短柄腺体，退化雌蕊细小。雌花花被管长约为花被片长之半，花被片长椭圆形，先端渐尖，长 1.5mm，外轮宽 0.6mm，内轮宽 0.4mm，退化雄蕊条形，第一、二轮长约 1.5mm，第三轮长约 2.3mm，中部着生 2 个长卵形腺体；子房椭圆形，长 1.5mm，花柱长约 4mm，连同子房被稀疏柔毛，柱头半圆球形，具乳突。果球形，直径约 6mm。

分布： 产于我国海南。

生境： 生于海拔 3000m 以下山坡疏林中。

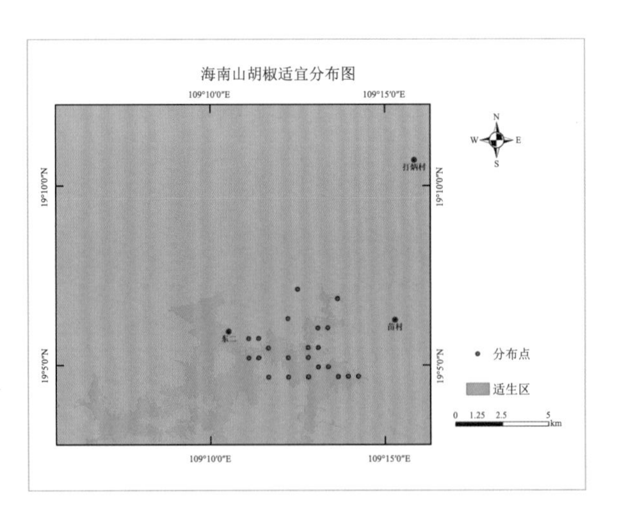

取食部位

取食月份

海南山胡椒	1	2	3	4	5	6	7	8	9	10	11	12

27 美丽新木姜子 *Neolitsea pulchella*（Meissn.）Merr.

樟科 Lauraceae 新木姜子属 *Neolitsea*

形态特征：小乔木，高 6 ～ 8m；树皮灰色或灰褐色。小枝纤细，幼时具褐色短柔毛，老时近于无毛。顶芽圆卵形，鳞片外面密生褐色短柔毛。叶互生或聚生于枝端呈轮生状，椭圆形或长圆状椭圆形，长 4 ～ 6cm，宽 2 ～ 3cm，先端渐尖或短尾状渐尖，基部楔形或狭尖，革质，上面深绿色，幼时除沿中脉有短柔毛外，其余无毛，极光亮，下面粉绿色，幼时具灰色长柔毛，老时渐无毛或近于无毛，两面均无明显的蜂窝状小穴，离基三出脉，侧脉每边 2 ～ 3 条，最下一对侧脉离叶基部 4 ～ 10mm 处发出，其余侧脉自中脉中上部发出，极纤细，中脉、侧脉在两面均突起，但自中脉中上部发出的侧脉在叶片上面有时不甚明显；叶柄长 6 ～ 8mm，较纤细，幼时密被褐色柔毛。伞形花序腋生，单独或 2 ～ 3 个簇生，无总梗或近于无梗，每一雄花序有花 4 ～ 5 朵；花梗长 2mm，密被长柔毛；花被裂片 4，椭圆形，长 2.5mm，宽 1.5mm，外面中肋有长柔毛，内面基部有长柔毛，边缘中部有睫毛；能育雄蕊 6，花丝长 2mm，中下部有长柔毛，第三轮基部腺体小，圆形，有柄；退化雌蕊无。果球形，直径 4 ～ 6mm；果托浅盘状，直径约 2mm；果梗细，长 5 ～ 6mm，顶端略增粗。花期 10 ～ 11 月，果期 8 ～ 9 月。

分布：产于我国海南、广东、广西（宁明公母山）、福建（南靖）。

生境：生于混交林中或山谷中。

美丽新木姜子适宜分布图

109°10'0"E 109°15'0"E

19°10'0"N 19°5'0"N

分布点

适生区

0 1.25 2.5 5 km

取食部位

取食月份

美丽新木姜子	1	2	3	4	5	6	7	8	9	10	11	12

28 北油丹（油丹）

Alseodaphnopsis hainanensis（Merr.）H. W. Li & J. Li

樟科 Lauraceae 北油丹属 *Alseodaphnopsis*

形态特征： 乔木。株：高达 25m，除幼嫩部分外，余无毛。枝：枝条带灰白色。叶：叶长椭圆形，长 6 ～ 10（～ 16）cm，先端圆，基部窄楔形，上面具蜂窠状小窝穴，下面绿白色，边缘反卷，侧脉 12 ～ 17 对；叶柄长 1 ～ 1.5cm。花：圆锥花序长 3.5 ～ 8（～ 12）cm，无毛，花序梗长，近肉质；花梗长 3 ～ 8mm，果时增粗；花被无毛，内面被白色绢毛，花被片长圆形，长约 4mm；能育雄蕊长约 2.5mm，被柔毛，退化雄蕊箭头形，具柄。果：果球形或卵球形，径 1.5 ～ 2.5cm，干时黑色；果柄肉质，长 1.2 ～ 2cm。果期 10 月至翌年 2 月。

分布： 产于我国海南。在越南北部也有分布。

生境： 生于林谷或密林中海拔 1400 ～ 1700m。

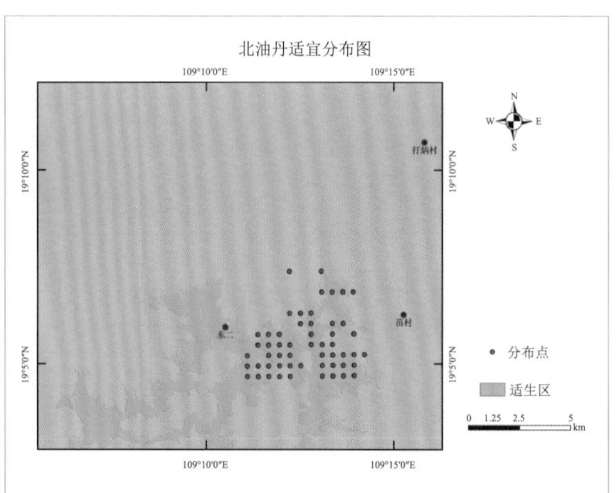

取食部位

取食月份

北油丹	1	2	3	4	5	6	7	8	9	10	11	12

29 黄樟 *Cinnamomum parthenoxylon*（Jack）Meisner

樟科 Lauraceae 桂属 *Cinnamomum*

形态特征：常绿乔木，树干通直，高 10～20m，胸径达 40cm 以上；树皮暗灰褐色，上部为灰黄色，深纵裂，小片剥落，厚约 3～5mm，内皮带红色，具有樟脑气味。枝条粗壮，圆柱形，绿褐色，小枝具棱角，灰绿色，无毛。芽卵形，鳞片近圆形，被绢状毛。叶互生，通常为椭圆状卵形或长椭圆状卵形，长 6～12cm，宽 3～6cm，在花枝上的稍小，先端通常急尖或短渐尖，基部楔形或阔楔形，革质，上面深绿色，下面色稍浅，两面无毛或仅下面腺窝具毛簇，羽状脉，侧脉每边 4～5 条，与中脉两面明显，侧脉脉腋上面不明显凸起下面无明显的腺窝，细脉和小脉网状；叶柄长 1.5～3cm，腹凹背凸，无毛。圆锥花序于枝条上部腋生或近顶生，长 4.5～8cm，总梗长 3～5.5cm，与各级序轴及花梗无毛。花小，长约 3mm，绿带黄色；花梗纤细，长达 4mm。花被外面无毛，内面被短柔毛，花被筒倒锥形，长约 1mm，花被裂片宽长椭圆形，长约 2mm，宽约 1.2mm，具点，先端钝形。能育雄蕊 9，花丝被短柔毛，第一、二轮雄蕊长约 1.5mm，花药卵圆形，与扁平的花丝近相等，第三轮雄蕊长约 1.7mm，花药长圆形，长 0.7mm，花丝扁平，近基部有一对具短柄的近心形腺体。退化雄蕊 3，位于最内轮，三角状心形，连柄长不及 1mm，柄被短柔毛。子房卵珠形，长约 1mm，无毛，花柱弯曲，长约 1mm，柱头盘状，不明显 3 浅裂。果球形，直径 6～8mm，黑色；果托狭长倒锥形，长约 1cm 或稍短，基部宽 1mm，红色，有纵长的条纹。花期 3～5 月，果期 4～10 月。

分布：产于我国海南、广东、广西、福建、江西、湖南、贵州、四川、云南。在巴基斯坦、印度经马来西亚至印度尼西亚也有分布。

生境：生于海拔 1500m 以下的常绿阔叶林或灌木丛中，后一生境中多呈矮生灌木型，云南南部有利用野生乔木辟为栽培的樟茶混交林。

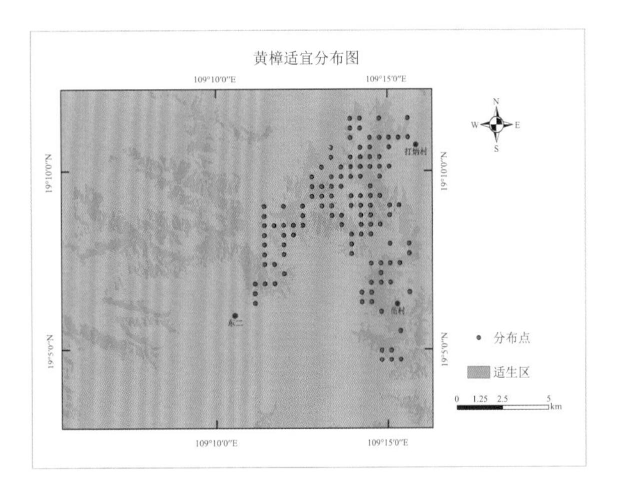

取食部位

取食月份

黄樟	1	2	3	4	5	6	7	8	9	10	11	12

30 平托桂 *Cinnamomum tsoi* Allen

樟科 Lauraceae 桂属 *Cinnamomum*

形态特征： 乔木，高约 12m，胸径达 45cm；树皮灰色，有香气。枝条圆柱形，无毛，有松脂的气味，小枝略扁而具棱，幼嫩部分被褐色绒毛，棱更显著。叶近对生，椭圆状披针形，长 7 ～ 11cm，宽 1.5 ～ 3.5cm，先端渐尖，基部楔形，革质，上面干后褐绿色，无毛，光亮，下面淡褐绿色，晦暗，初时疏生皱波状短柔毛，后渐变无毛，离基三出脉，中脉及侧脉在上面稍凸起，下面明显凸起，侧脉在近叶缘一侧分枝，横脉及细脉在上面不明显，下面多少明显；叶柄长 6 ～ 10mm，腹面具沟槽，幼时疏被绒毛，后渐变无毛。圆锥花序腋生或近顶生，长 2 ～ 3.5cm，序轴有近贴伏状的绒毛。花未见。果卵球形，先端具细尖头，长 1.5cm，宽在 1cm 以下；果托浅杯状，木质，全缘，长约 0.5cm。果期 10 ～ 12 月。

分布： 产于我国海南、广西（蒙山）。

生境： 生于常绿阔叶林中，海拔约 2400m。

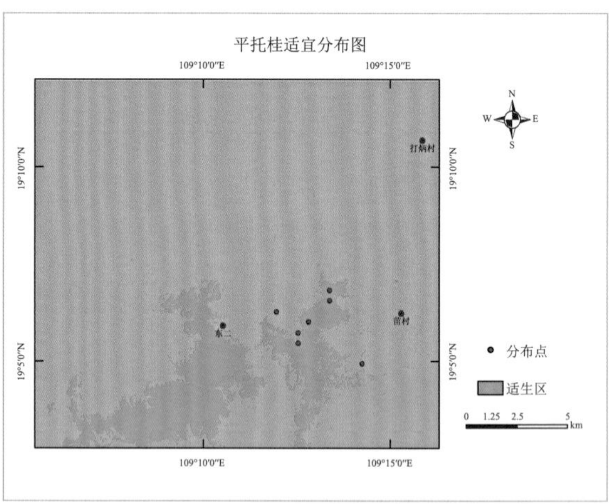

取食部位

取食月份

平托桂	1	2	3	4	5	6	7	8	9	10	11	12

31 鱼尾葵 *Caryota maxima* Blume ex Martius

棕榈科 Arecaceae 鱼尾葵属 *Caryota*

形态特征：乔木状，高 10 ～ 15（～ 20）m，直径 15 ～ 35cm，茎绿色，被白色的毡状绒毛，具环状叶痕。叶长 3 ～ 4m，幼叶近革质，老叶厚革质；羽片长 15 ～ 60cm，宽 3 ～ 10cm，互生，罕见顶部的近对生，最上部的 1 羽片大，楔形，先端 2 ～ 3 裂，侧边的羽片小，菱形，外缘笔直，内缘上半部或 1/4 以上弧曲成不规则的齿缺，且延伸成短尖或尾尖。佛焰苞与花序无糠秕状的鳞秕；花序长 3 ～ 3.5（～ 5）m，具多数穗状的分枝花序，长 1.5 ～ 2.5m；雄花花萼与花瓣不被脱落性的毡状绒毛，萼片宽圆形，长约 5mm，宽 6mm，盖萼片小于被盖的侧萼片，表面具疣状凸起，边缘不具半圆齿，无毛，花瓣椭圆形，长约 2cm，宽 8mm，黄色，雄蕊（31 ～）50 ～ 111 枚，花药线形，长约 9mm，黄色，花丝近白色；雌花花萼长约 3mm，宽 5mm，顶端全缘，花瓣长约 5mm；退化雄蕊 3 枚，钻状，为花冠长的 1/3 倍；子房近卵状三棱形，柱头 2 裂。果实球形，成熟时红色，直径 1.5 ～ 2cm。种子 1 颗，罕为 2 颗，胚乳嚼烂状。花期 5 ～ 7 月，果期 8 ～ 11 月。

分布：产于我国福建、广东、海南、广西、云南等地。在亚热带地区有分布。

生境：生于海拔 450 ～ 700m 的山坡或沟谷林中。

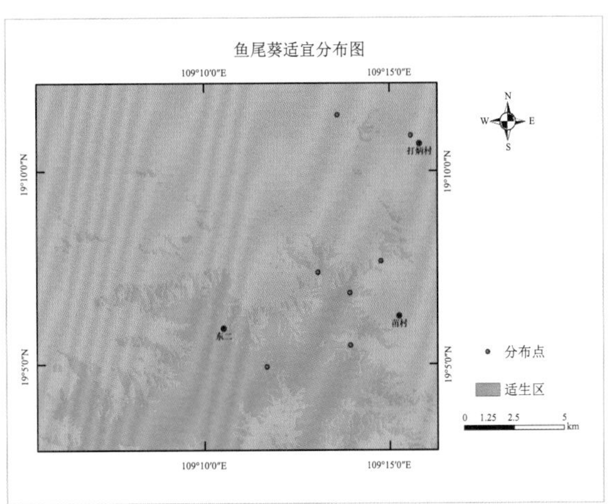

取食部位

取食月份

鱼尾葵	1	2	3	4	5	6	7	8	9	10	11	12

32 崖藤 *Albertisia laurifolia* Yamamoto

防己科 Menispermaceae 崖藤属 *Albertisia*

形态特征：木质大藤本；嫩枝被绒毛，老枝无毛，灰色。叶近革质，椭圆形至卵状椭圆形，长 7 ～ 14cm，宽 2.5 ～ 5cm，先端短渐尖或近骤尖，基部钝或微圆，干时褐色，两面无毛或下面沿中脉和侧脉散生稀疏微柔毛；侧脉每边 3 ～ 5 条，中脉和侧脉在下面显著凸起；叶柄长约 1.5 ～ 3.5cm，无毛。雄花序为聚伞花序，有花 3 ～ 5 朵，长达 15mm，总花梗和花梗均粗壮，长 3 ～ 5mm，均被绒毛；萼片 3 轮，外轮钻形，长约 0.5mm，中轮线状披针形，长约 2mm，内轮合生成坛状，长 5 ～ 7mm，背面均被绒毛；花瓣 6 枚，排成 2 轮，外轮菱形，长约 0.8mm，边内折，背面中肋附近被硬毛，内轮近楔形，无毛，长约 0.8mm；聚药雄蕊长 3 ～ 4mm，花药常 27 个，排成 6 纵列，花丝极短。雌花未见。核果椭圆形，长 2.2 ～ 3.3cm，宽 1.5 ～ 2cm，被绒毛；果核稍木质，椭圆形，长 1.5 ～ 2.5cm，表面微有皱纹，胎座迹不明显。花期夏初，果期秋季。

分布：产于我国海南南部、广西南部和云南南部。在越南北部也有分布。

生境：生于林中。

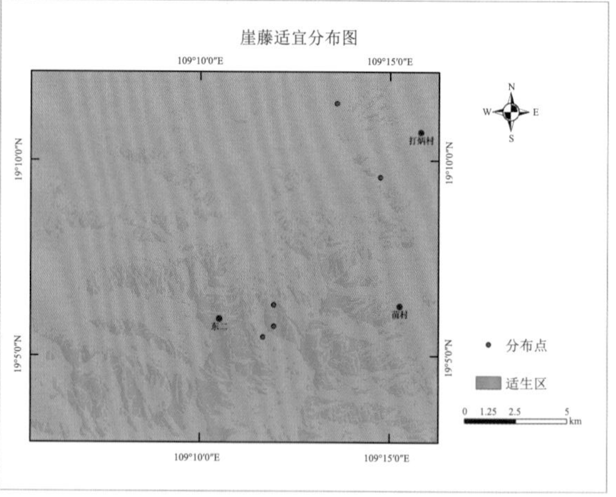

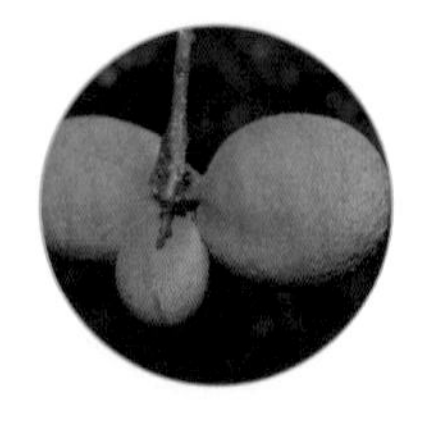

取食部位

取食月份

崖藤	1	2	3	4	5	6	7	8	9	10	11	12

33 大花五桠果 *Dillenia turbinata* Finet et Gagnep.

五桠果科 Dilleniaceae 五桠果属 *Dillenia*

形态特征： 常绿乔木高达 30m；嫩枝粗壮，有褐色绒毛；老枝秃净，干后暗褐色。叶革质，倒卵形或长倒卵形，长 12 ～ 30cm，宽 7 ～ 14cm，先端圆形或钝，有时稍尖，基部楔形，不等侧，幼嫩时上下两面有柔毛，老叶上面变秃净，干后稍有光泽，下面被褐色柔毛；侧脉 16 ～ 27 对，脉间相隔 6 ～ 15mm，在上面很明显，在下面强烈突起，第二次支脉及网脉在下面突起，边缘有锯齿，叶柄长 2 ～ 6cm，粗壮，有窄翅被褐色柔毛，基部稍膨大。总状花序生枝顶，有花 3 ～ 5 朵，花序柄长 3 ～ 5cm，粗大，有褐色长绒毛，花梗长 5 ～ 10mm，被毛，无苞片及小苞片。花大，直径 10 ～ 12cm，有香气；萼片厚肉质，干后厚革质，卵形，大小不相等，外侧的最大，长 2.5 ～ 4.5cm，宽 2 ～ 3cm，被褐毛；花瓣薄，黄色，有时黄白色或浅红色，倒卵形，长 5 ～ 7cm，先端圆，基部狭窄；雄蕊 2 轮，外轮无数，长 1.5 ～ 2cm，内轮较少数，比外轮为长，向外弯，花丝带红色，花药延长，线形，生于花丝侧面，比花丝长 2 ～ 4 倍，顶孔裂开；心皮 8 ～ 9 个，长约 1cm，每个心皮有胚珠多个。果实近于圆球形，不开裂，直径 4 ～ 5cm，暗红色，每个成熟心皮有种子 1 至多个，种子倒卵形，长 6mm，无毛也无假种皮。花期 4 ～ 5 月，果期 7 ～ 8 月。

分布： 产于我国海南、广西及云南。在越南也有分布。

生境： 常见于常绿林里。

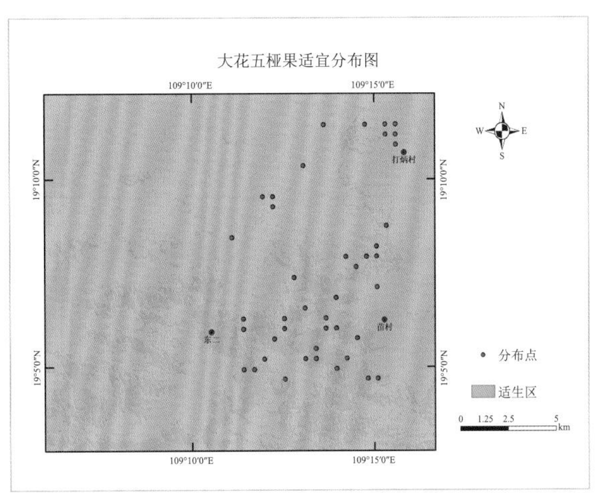

取食部位

取食月份

大花五桠果	1	2	3	4	5	6	7	8	9	10	11	12

34 枫香树 *Liquidambar formosana* Hance

草树科 Altingiaceae 枫香树属 *Liquidambar*

形态特征：落叶乔木，高达 30m，胸径最大可达 1m，树皮灰褐色，方块状剥落；小枝干后灰色，被柔毛，略有皮孔；芽体卵形，长约 1cm，略被微毛，鳞状苞片敷有树脂，干后棕黑色，有光泽。叶薄革质，阔卵形，掌状 3 裂，中央裂片较长，先端尾状渐尖；两侧裂片平展；基部心形；上面绿色，干后灰绿色，不发亮；下面有短柔毛，或变秃净仅在脉腋间有毛；掌状脉 3～5 条，在上下两面均显著，网脉明显可见；边缘有锯齿，齿尖有腺状突；叶柄长达 11cm，常有短柔毛；托叶线形，游离，或略与叶柄连生，长 1～1.4cm，红褐色，被毛，早落。雄性短穗状花序常多个排成总状，雄蕊多数，花丝不等长，花药比花丝略短。雌性头状花序有花 24～43 朵，花序柄长 3～6cm，偶有皮孔，无腺体；萼齿 4～7 个，针形，长 4～8mm，子房下半部藏在头状花序轴内，上半部游离，有柔毛，花柱长 6～10mm，先端常卷曲。头状果序圆球形，木质，直径 3～4cm；蒴果下半部藏于花序轴内，有宿存花柱及针刺状萼齿。种子多数，褐色，多角形或有窄翅。果期 7～9 月。

分布：产于我国秦岭及淮河以南各省份，北起河南、山东，东至台湾，西至四川、云南及西藏，南至海南。在越南北部，老挝及朝鲜南部也有分布。

生境：性喜阳光，多生于平地，村落附近，及低山的次生林。在海南岛常组成次生林的优势种，性耐火烧，萌生力极强。

枫香树适宜分布图

109°10′0″E 109°15′0″E
19°10′0″N 19°5′0″N
分布点
适生区
0 1.25 2.5 5 km

取食部位

取食月份

枫香树	1	2	3	4	5	6	7	8	9	10	11	12

35 扁担藤 *Tetrastigma planicaule*（Hook.）Gagnep.

葡萄科 Vitaceae 崖爬藤属 *Tetrastigma*

形态特征： 木质大藤本，茎扁压，深褐色。小枝圆柱形或微扁，有纵棱纹，无毛。卷须不分枝，相隔 2 节间断与叶对生。叶为掌状 5 小叶，小叶长圆披针形、披针形、卵披针形，长（6）9～16cm，宽（2.5）3～6（7）cm，顶端渐尖或急尖，基部楔形，边缘每侧有 5～9 个锯齿，锯齿不明显或细小，稀较粗，上面绿色，下面浅绿色，两面无毛；侧脉 5～6 对，网脉突出；叶柄长 3～11cm，无毛，小叶柄长 0.5～3cm，中央小叶柄比侧生小叶柄长 2～4 倍，无毛。花序腋生，长 15～17cm，比叶柄长 1～1.5 倍，下部有节，节上有褐色苞片，稀与叶对生而基部无节和苞片，二级和三级分枝 4（3），集生成伞形；花序梗长 3～4cm，无毛；花梗长 3～10mm，无毛或疏被短柔毛；花蕾卵圆形，高 2.5～3mm，顶端圆钝；萼浅碟形，齿不明显，外面被乳突状毛；花瓣 4 枚，卵状三角形，高 2～2.5mm，顶端呈风帽状，外面顶部疏被乳突状毛；雄蕊 4 枚，花丝丝状，花药黄色，卵圆形，长宽近相等或长甚于宽，在雌花内雄蕊显著短，花药呈龟头形，败育；花盘明显，4 浅裂，在雌花内不明显且呈环状，子房阔圆锥形，基部被扁平乳突状毛，花柱不明显，柱头 4 裂，裂片外折。果实近球形，直径 2～3cm，多肉质，有种子 1～2（3）颗；种子长椭圆形，顶端圆形，基部急尖，种脐在背面中部呈带形，达种子顶端，腹部中棱脊扁平，两侧洼穴呈沟状，从基部向上接近中部时斜向外伸展达种子顶端。花期 4～6 月，果期 8～12 月。

分布： 产于我国福建、广东、海南、广西、贵州、云南、西藏东南部。在老挝、越南、印度和斯里兰卡也有分布。

生境： 生于山谷林中或山坡岩石缝中，海拔 100～2100m。

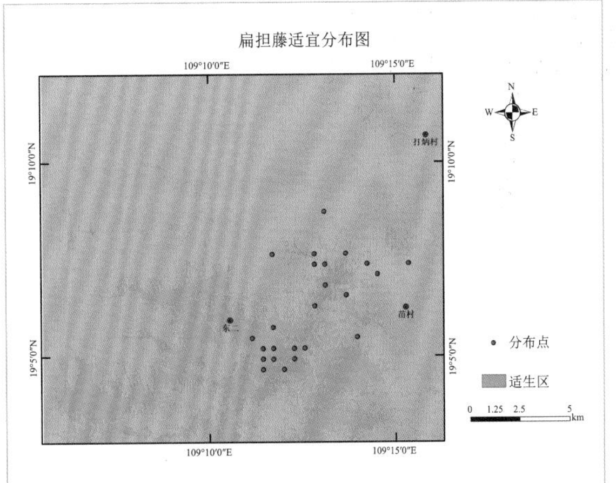

取食部位

取食月份

扁担藤	1	2	3	4	5	6	7	8	9	10	11	12

36 海南红豆 *Ormosia pinnata*（Lour.）Merr.

豆科 Fabaceae 红豆属 *Ormosia*

形态特征：常绿乔木或灌木，高 3 ～ 18m，稀达 25m，胸径 30cm；树皮灰色或灰黑色；木质部有黏液。幼枝被淡褐色短柔毛，渐变无毛。奇数羽状复叶，长 16 ～ 22.5cm；叶柄长 2 ～ 3.5（6.5）cm，叶轴长 2.5 ～ 9cm，叶轴在最上部一对小叶处延长 0.2 ～ 2.6cm 生顶小叶；小叶 3（～ 4）对，薄革质，披针形，长 12 ～ 15cm，宽约 4（～ 5）cm，先端钝或渐尖，两面均无毛，侧脉 5 ～ 7 对；小叶柄长 3 ～ 6mm，有凹槽及短柔毛或近无毛。圆锥花序顶生，长 20 ～ 30cm；花长 1.5 ～ 2cm；花萼钟状，比花梗长，被柔毛，萼齿阔三角形；花冠粉红色而带黄白色，各瓣均具柄，旗瓣长 13mm，瓣片基部有角质耳状体 2 枚，翼瓣倒卵圆形，龙骨瓣基部耳形；子房密被褐色短柔毛，内有胚珠 4 粒，花柱无毛而弯曲。荚果长 3 ～ 7cm，宽约 2cm，有种子 1 ～ 4 粒，如具单粒种子时，其基部有明显的果颈，呈镰状，如具数粒种子时，则肿胀而微弯曲，种子间缢缩，果瓣厚木质，成熟时橙红色，干时褐色，有淡色斑点，光滑无毛；种子椭圆形，长 15 ～ 20mm，种皮红色，种脐长不足 1mm，位于短轴一端。花期 7 ～ 8 月。

分布：产于我国广东西南部、海南、广西南部。在泰国、越南也有分布。

生境：生于中海拔及低海拔的山谷、山坡、路旁森林中。

取食部位

取食月份

海南红豆	1	2	3	4	5	6	7	8	9	10	11	12

37 荔枝叶红豆 *Ormosia semicastrata* f. *litchiifolia* How

豆科 Fabaceae 红豆属 *Ormosia*

形态特征： 常绿乔木，高达 15m，胸径 40cm。叶互生，奇数羽状复叶，连柄长 12 ~ 16cm，叶轴较柔弱，小叶通常 5 ~ 9 枚。圆锥形花序生于上部叶腋内，约与叶等长，被黄色柔毛。荚果小，近圆形，稍肿胀，果瓣革质，光亮。干时黑褐色，顶端有角质小尖刺。种子单生，鲜红而有光泽，扁圆形，阔约 9mm。

分布： 分布于我国海南。在亚洲其他热带地区也有分布。

生境： 生于海拔 700 ~ 1700m 的山坡、山谷杂木林中。

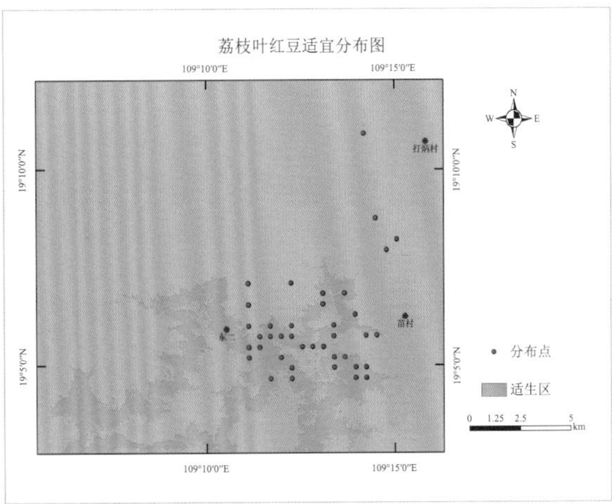

取食部位

取食月份

荔枝叶红豆	1	2	3	4	5	6	7	8	9	10	11	12

38 黄叶树 *Xanthophyllum hainanense* Hu

远志科 Polygalaceae 黄叶树属 *Xanthophyllum*

形态特征： 乔木，高 5 ～ 20m；树皮暗灰色，具细纵裂；小枝圆柱形，纤细，无毛。叶片革质，卵状椭圆形至长圆状披针形，长 4 ～ 12cm，宽 1.5 ～ 5cm，先端长渐尖，基部楔形至钝，全缘，有时波状，两面均无毛，干时黄绿色，主脉及侧脉在两面突起，侧脉每边 9 ～ 11 条，弧曲，于边缘网结，细脉网状，上面明显，背面突起；叶柄长 6 ～ 10mm，具横纹，上面具槽。总状花序或小型圆锥花序腋生或顶生，长 3 ～ 9cm，总花梗及花梗密被短柔毛；花小，芳香，具披针形小苞片 1 枚，早落；萼片 5 枚，两面均被短柔毛，具缘毛，花后脱落，外面 3 枚小，卵形，长约 2mm，先端急尖，里面 2 枚大，椭圆形至圆形，长约 4mm，先端圆形；花瓣 5 枚，白黄色，分离，椭圆形或长圆状披针形，长约 7mm，先端钝，具细缘毛；雄蕊 8 枚，长 4 ～ 8mm，分离，下部被长柔毛，花药椭圆形，长约 0.5mm，基底着生，子房瓶状，密被柔毛，径约 1mm，具胚珠 4 粒，花柱长 3 ～ 6mm，基部疏被柔毛，柱头头状。核果球形，淡黄色，径 1.5 ～ 2cm，被柔毛，后变无毛，基部具 1 盘状环和花被脱落之疤痕，具种子 1 粒；果柄圆柱形，粗壮，长约 5mm，被短柔毛。种子近球形，淡黄色，径约 8mm。花期 3 ～ 5 月，果期 12 月至翌年 5 月。

分布： 产于我国广东、海南、广西。

生境： 生于海拔 150 ～ 600m 的山林中。

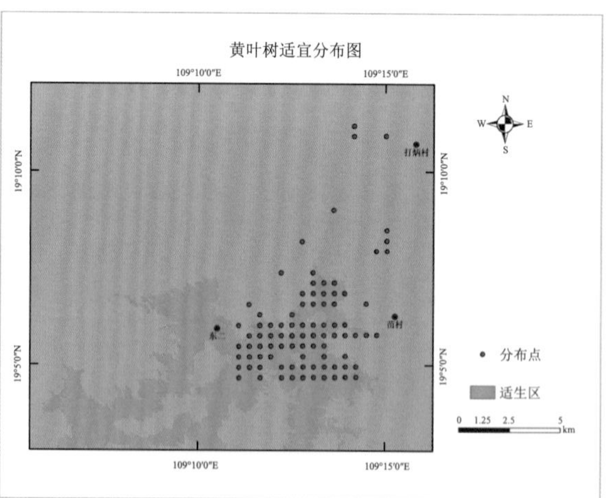

取食部位

取食月份

黄叶树	1	2	3	4	5	6	7	8	9	10	11	12

39 臀果木 *Pygeum topengii* Merr.

蔷薇科 Rosaceae 臀果木属 *Pygeum*

形态特征： 乔木，高可达 25m，树皮深灰色至灰褐色；小枝暗褐色，具皮孔，幼时被褐色柔毛，老时无毛。叶片革质，卵状椭圆形或椭圆形，长 6 ~ 12cm，宽 3 ~ 5.5cm，先端短渐尖而钝，基部宽楔形，两边略不相等，全缘，上面光亮无毛，下面被平铺褐色柔毛，老时仍有少许毛残留，沿中脉及侧脉毛较密，近基部有 2 枚黑色腺体，侧脉 5 ~ 8 对，在下面突起；叶柄长 5 ~ 8mm，被褐色柔毛；托叶小，早落。总状花序有花 10 余朵，单生或 2 至数个簇生于叶腋，总花梗、花梗和花萼均密被褐色柔毛；花梗长 1 ~ 3mm；苞片小，卵状披针形或披针形，具毛，早落；花直径 2 ~ 3mm；萼筒倒圆锥形；花被片 10 ~ 12，长约 1 ~ 2mm，萼片与花瓣各 5 ~ 6 枚；萼片三角状卵形，先端急尖；花瓣长圆形，先端稍钝，被褐色柔毛，稍长于萼片，或与萼片不易区分；子房无毛。果实肾形，长 8 ~ 10mm，宽 10 ~ 16mm，顶端常无突尖而凹陷，无毛，深褐色；种子外面被细短柔毛。花期 6 ~ 9 月，果期冬季。本种和西南臀果木 *Pygeum wilsonii* Koehne 相近，但后者叶片长圆形或卵状长圆形，侧脉 10 ~ 14 对；果实扁圆形或横向短长圆形，顶端常突尖，易于鉴别。

分布： 产于我国福建、广东、海南、广西、云南、贵州。本种模式标本采自广东。

生境： 生于山野间，常见于山谷、路边、溪旁或疏密林内及林缘，海拔 100 ~ 1600m。

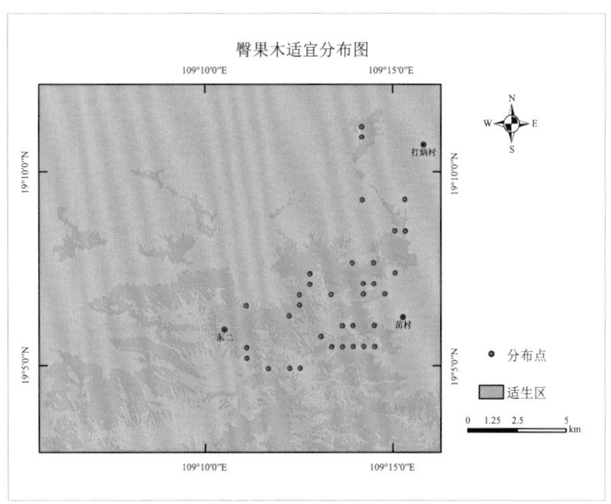

取食部位

取食月份

臀果木	1	2	3	4	5	6	7	8	9	10	11	12

40 白颜树 *Gironniera subaequalis* Planch.

大麻科 Cannabaceae 白颜树属 *Gironniera*

形态特征： 乔木，高 10 ～ 20m，稀达 30m，胸径 25 ～ 50cm，稀达 100cm；树皮灰或深灰色，较平滑；小枝黄绿色，疏生黄褐色长粗毛。叶革质，椭圆形或椭圆状矩圆形，长 10 ～ 25cm，宽 5 ～ 10cm，先端短尾状渐尖，基部近对称，圆形至宽楔形，边缘近全缘，仅在顶部疏生浅钝锯齿，叶面亮绿色，平滑无毛，叶背浅绿，稍粗糙，在中脉和侧脉上疏生长糙伏毛，在细脉上疏生细糙毛，侧脉 8 ～ 12 对；叶柄长 6 ～ 12mm，疏生长糙伏毛；托叶对成，鞘包着芽，披针形，长 1 ～ 2.5cm，外面被长糙伏毛，脱落后在枝上留有一环托叶痕。雌雄异株，聚伞花序成对腋生，序梗上疏生长糙伏毛，雄的多分枝，雌的分枝较少，成总状；雄花直径约 2mm，花被片 5，宽椭圆形，中央部分增厚，边缘膜质，外面被糙毛，花药外面被细糙毛。核果具短梗，阔卵状或阔椭圆状，直径 4 ～ 5mm，侧向压扁，被贴生的细糙毛，内果皮骨质，两侧具 2 钝棱，熟时橘红色，具宿存的花柱及花被。花期 2 ～ 4 月，果期 7 ～ 11 月。

分布： 产于我国广东、海南、广西和云南。在印度、斯里兰卡、中南半岛、马来半岛及印度尼西亚也有分布。

生境： 生于山谷、溪边的湿润林中，海拔 100 ～ 800m。

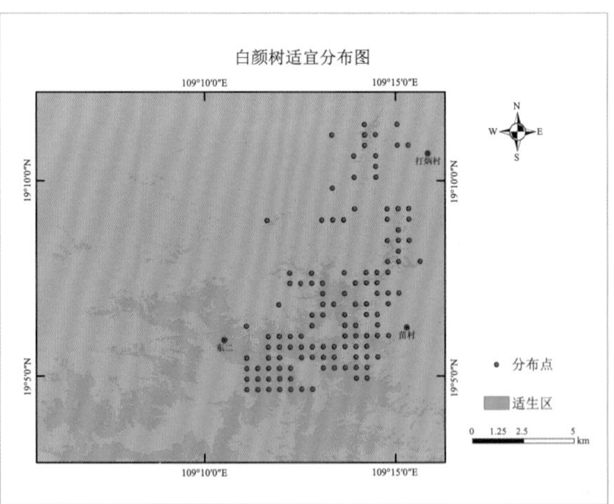

取食部位

取食月份

白颜树	1	2	3	4	5	6	7	8	9	10	11	12

41 朴树 *Celtis sinensis* Pers.

大麻科 Cannabaceae 朴属 *Celtis*

形态特征：落叶乔木，高达 10m 左右，树皮灰色，不开裂，幼枝密被短柔毛，老枝无毛。叶纸质，卵形或长卵形，长 5 ～ 10cm，宽 2.5 ～ 5cm。顶端短渐尖，基部圆而偏斜，边缘常在叶片中部以上有锯齿，幼时两面被柔毛，老时变无毛；基部 3 出脉，在背面明显凸起，外面的 l 对弧形上升，在叶片中上部离边缘弯拱网结，自中脉发出的离基侧脉通常 2 对，有时 3 条或 5 条，明显；叶柄长 5 ～ 10mm，被短柔毛；托叶线形，长约 8mm，宽 1 ～ 1.2mm，背面被毛，早落。花生于当年生的新枝，雄花在新枝下部排成聚伞花序，雌花生于新枝上部叶腋内；萼片 4，上部沿边缘有柔毛；雄蕊 4，与萼片对生，花丝基部有毛；子房卵形，生于密被白色绒毛的花托上，花柱 2，外反，柱头全缘，密被毛。核果近球形，直径约 5mm，成熟时红褐色；核多少有网纹；果柄与叶柄等长或稍过之，被疏柔毛。花期 2 ～ 3 月，果期 9 ～ 10 月。

分布：产于我国安徽、福建、甘肃、广东、海南、贵州、河南、江苏、江西、山东东北部、四川、台湾和浙江等。在日本也有分布。

生境：生长在路边、山坡上；海拔 100 ～ 1500m。

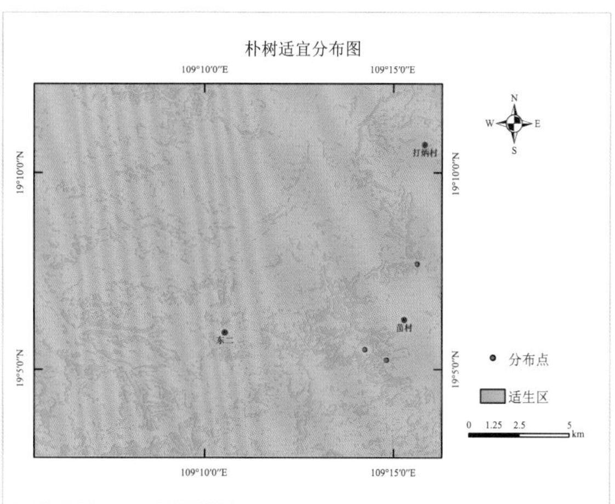

取食部位

取食月份

朴树	1	2	3	4	5	6	7	8	**9**	**10**	11	12

42 铁灵花 *Celtis philippensis* var. *wightii*（Planchon）Soepadmo

大麻科 Cannabaceae 朴属 *Celtis*

形态特征： 常绿小乔木，高 3 ～ 12m，树皮灰色，当年生小枝被微毛，去年生小枝无毛，节部比较膨大，略作之字形弯曲。除顶生叶的两枚托叶包着冬芽，宿存至第二年外，其他托叶均早落，疏生微毛，卵状椭圆形，长约 3mm，先端尖，基部稍下延（由于着生点不在基部，一般书上称为盾状着生）。叶革质，椭圆形至长圆形，长 3 ～ 10cm，宽 2 ～ 4.5cm，先端近圆形至突然收缩具短而宽的钝头，基部钝至近圆形，对称或略不对称，全缘，具三出脉，二侧脉仅达叶片中部或 2/3。脉在叶背隆起，由中脉伸出的次级侧脉向上弯升或斜向上升；叶柄长 3 ～ 6mm，上面有沟槽，槽中或有微毛。小聚伞圆锥花序生于叶腋，长 7 ～ 20mm，花序轴有微毛，结果时毛脱净。果球状卵形，长 8 ～ 9mm，成熟时红色，先端残存两叉状、极短的花柱基；核近球形，长约 6mm，肋不明显，表面有浅网孔状凹陷。花期 4 ～ 7 月，果期 10 ～ 12 月。

分布： 产于我国海南。在泰国、越南也有分布。

生境： 多生于海边斜坡荒地或林中。

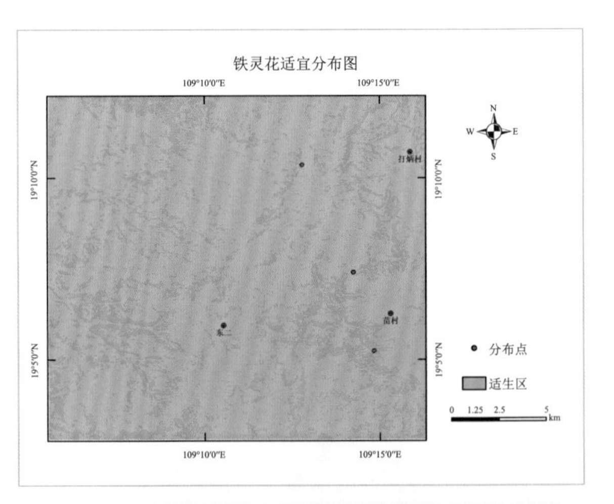

取食部位

取食月份

铁灵花	1	2	3	4	5	6	7	8	9	10	11	12

43 山黄麻 *Trema tomentosa*（Roxb.）Hara

大麻科 Cannabaceae 山黄麻属 *Trema*

形态特征：小乔木，高达 10m，或灌木；树皮灰褐色，平滑或细龟裂；小枝灰褐至棕褐色，密被直立或斜展的灰褐色或灰色短绒毛。叶纸质或薄革质，宽卵形或卵状矩圆形，稀宽披针形，长 7 ～ 15（～ 20）cm，宽 3 ～ 7（～ 8）cm，先端渐尖至尾状渐尖，稀锐尖，基部心形，明显偏斜，边缘有细锯齿，两面近于同色，干时常灰褐色至棕褐色，叶面极粗糙，有直立的基部膨大的硬毛，叶背有密或较稀疏直立的或稀斜展的灰褐色或灰色短绒毛（茸毛），有时稀疏地混生褐红色（干时）串珠毛，基出脉 3，侧生的一对达叶片中上部，侧脉 4 ～ 5 对；叶柄长 7 ～ 18mm，毛被同幼枝；托叶条状披针形，长 6 ～ 9mm。雄花序长 2 ～ 4.5cm，毛被同幼枝；雄花直径 1.5 ～ 2mm，几乎无梗，花被片 5，卵状矩圆形，外面被微毛，边缘有缘毛，雄蕊 5 枚，退化雌蕊倒卵状矩圆形，压扁，透明，在其基部有一环细曲柔毛。雌花序长 1 ～ 2cm；雌花具短梗，在果时增长，花被片 4 ～ 5，三角状卵形，长 1 ～ 1.5mm，外面疏生细毛，在中肋上密生短粗毛，子房无毛；小苞片卵形，长约 1mm，具缘毛，在背面中肋上有细毛。核果宽卵珠状，压扁，直径 2 ～ 3mm，表面无毛，成熟时具不规则的蜂窝状皱纹，褐黑色或紫黑色，具宿存的花被。种子阔卵珠状，压扁，直径 1.5 ～ 2mm，两侧有棱。花期 3 ～ 6 月，果期 9 ～ 11 月，在热带地区，几乎四季开花。

分布：产于我国福建南部、台湾、广东、海南、广西、四川西南部、贵州、云南、西藏东南部至南部。在非洲东部、不丹、尼泊尔、印度、斯里兰卡、孟加拉国、中南半岛、马来半岛、印度尼西亚、日本和南太平洋诸岛等也有分布。

生境：生于海拔 100 ～ 2000m 湿润的河谷和山坡混交林中，或空旷的山坡。

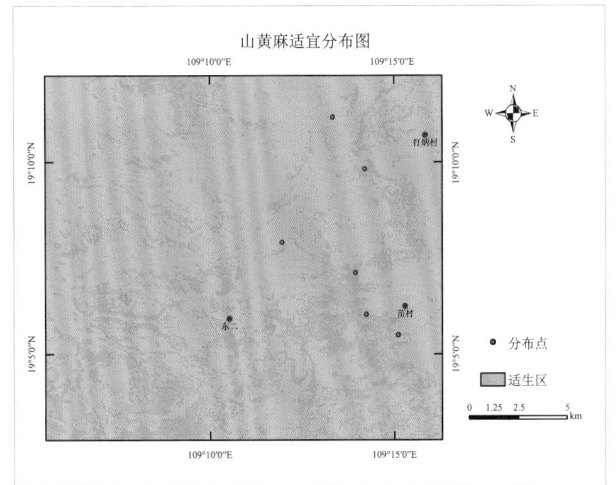

取食部位

取食月份

山黄麻	1	2	3	4	5	6	7	8	9	10	11	12

44 二色波罗蜜（小叶胭脂）*Artocarpus styracifolius* Pierre

桑科 Moraceae 波罗蜜属 *Artocarpus*

形态特征：乔木，高达 20m；树皮暗灰色，粗糙；小枝幼时密被白色短柔毛。叶互生排为 2 列，皮纸质，长圆形或倒卵状披针形，有时椭圆形，长 4 ～ 8cm，宽 2.5 ～ 3cm，先端渐尖为尾状，基部楔形，略下延至叶柄，全缘（幼枝的叶常分裂或在上部有浅锯齿），表面深绿色，疏生短毛，背面被苍白色粉末状毛，脉上更密，侧脉 4 ～ 7 对，表面平，背面不突起，网脉明显；叶柄长 8 ～ 14mm，被毛；托叶钻形，脱落。花雌雄同株，花序单生叶腋，雄花序椭圆形，长 6 ～ 12mm，直径 4 ～ 7mm，密被灰白色短柔毛，花序轴长约 1.5cm，被毛，头状腺毛细胞 1 ～（ 1 ～ 6 ），苞片盾形或圆形；总花梗长 6 ～ 12mm，雌花花被片外面被柔毛，先端 2 ～ 3 裂，长圆形，雄蕊 1，花丝纤细，花药球形。聚花果球形，直径约 4cm，黄色，干时红褐色，被毛，表面着生很多弯曲、圆柱形长达 5mm 的圆形突起；总梗长 18 ～ 25mm，被柔毛；核果球形。花期秋初，果期秋末冬初。

分布：产于我国广东、海南、广西（龙州、大瑶山）、云南（屏边、河口、西畴、麻栗坡、马关）。在中南半岛的北部（越南、老挝）也有分布。

生境：常生于海拔 200 ～ 1180（～ 1500）m 森林中。

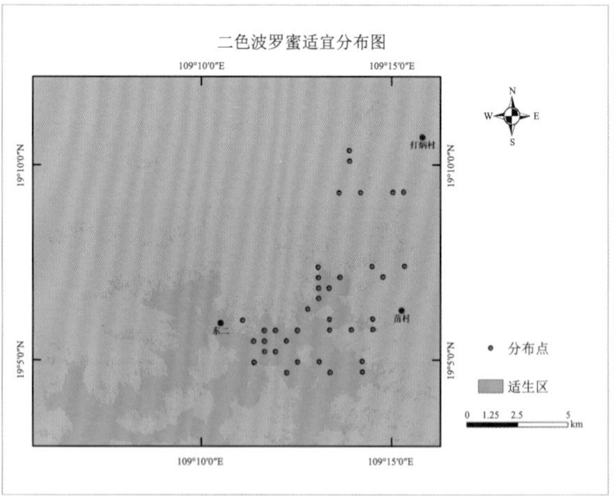

取食部位

取食月份

二色波罗蜜	1	2	3	4	5	6	7	8	9	10	11	12

45 构 *Broussonetia papyrifera*（Linnaeus）L'Heritier ex Ventenat

桑科 Moraceae 构属 *Broussonetia*

形态特征：乔木，高 10 ～ 20m；树皮暗灰色；小枝密生柔毛。叶螺旋状排列，广卵形至长椭圆状卵形，长 6 ～ 18cm，宽 5 ～ 9cm，先端渐尖，基部心形，两侧常不相等，边缘具粗锯齿，不分裂或 3 ～ 5 裂，小树之叶常有明显分裂，表面粗糙，疏生糙毛，背面密被绒毛，基生叶脉三出，侧脉 6 ～ 7 对；叶柄长 2.5 ～ 8cm，密被糙毛；托叶大，卵形，狭渐尖，长 1.5 ～ 2cm，宽 0.8 ～ 1cm。花雌雄异株；雄花序为柔荑花序，粗壮，长 3 ～ 8cm，苞片披针形，被毛，花被 4 裂，裂片三角状卵形，被毛，雄蕊 4 枚，花药近球形，退化雌蕊小；雌花序球形头状，苞片棍棒状，顶端被毛，花被管状，顶端与花柱紧贴，子房卵圆形，柱头线形，被毛。聚花果直径 1.5 ～ 3cm，成熟时橙红色，肉质；瘦果具与等长的柄，表面有小瘤，龙骨双层，外果皮壳质。花期 4 ～ 5 月，果期 6 ～ 7 月。

分布：产于我国南北各地。在缅甸、泰国、越南、马来西亚、日本、朝鲜等也有分布。

生境：多生于石灰岩山地，也能在酸性土及中性土上生长。

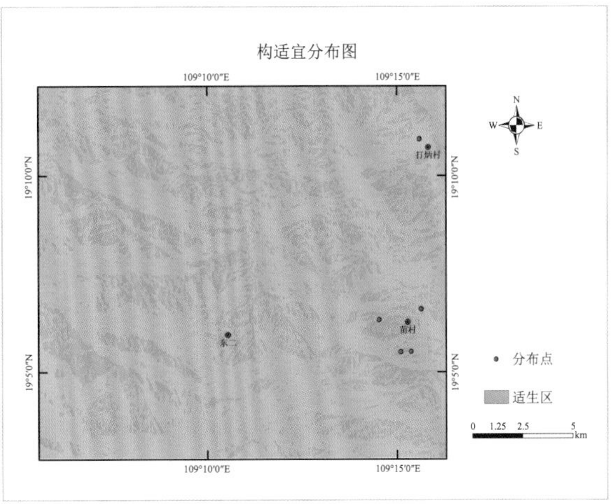

取食部位

取食月份

构	1	2	3	4	5	6	7	8	9	10	11	12

46 白肉榕 *Ficus vasculosa* Wall. ex Miq.

桑科 Moraceae 榕属 *Ficus*

形态特征： 乔木，高 10 ～ 15m，胸径 10 ～ 15cm；树皮灰色，平滑；小枝灰褐色，无槽纹。叶革质，椭圆形至一长椭圆状披针形，长 4 ～ 11cm，宽 2 ～ 4cm，先端钝或渐尖，基部楔形，表面深绿色，有光泽，背面浅绿色，干后黄绿或灰绿色，全缘或为不规则分裂，侧脉 10 ～ 12 对，两面突起，网脉在表面甚明显；叶柄长 1 ～ 2cm；托叶卵形，长约 6mm。雌雄同株，榕果球形，直径 7 ～ 10mm，基部缢缩为短柄，总梗长 7 ～ 8mm，基生苞片 3，脱落；雄花少数，生内壁近口部，具短柄，花被 3 ～ 4 深裂，雄花 2 枚，稀 1 或 3 枚，如为 1 枚时，则基部有退化雌蕊；瘿花和雌花多数，有柄或无柄，花被 3 ～ 4 深裂，子房倒卵圆形，花柱光滑，柱头 2 裂。榕果成熟时黄色或黄红色。瘦果光滑，通常在顶一侧有龙骨。花果期 5 ～ 7 月。

分布： 产于我国广东、海南、广西、云南及贵州（望谟）。在越南、泰国、马来西亚也有分布。

生境： 常见于季雨林中。在云南海拔达 800m。

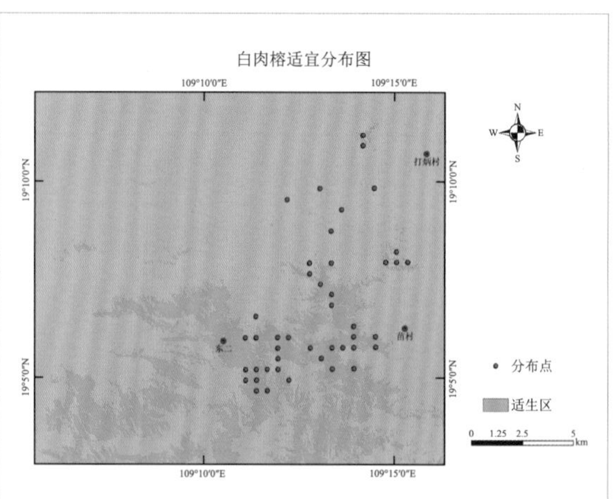

取食部位

取食月份

白肉榕	1	2	3	4	5	6	7	8	9	10	11	12

47 笔管榕 *Ficus subpisocarpa* Gagnepain

桑科 Moraceae 榕属 *Ficus*

形态特征：落叶乔木，有时有气根；树皮黑褐色，小枝淡红色，无毛。叶互生或簇生，近纸质，无毛，椭圆形至长圆形，长 10 ～ 15cm，宽 4 ～ 6cm，先端短渐尖，基部圆形，边缘全缘或微波状，侧脉 7 ～ 9 对；叶柄长约 3 ～ 7cm，近无毛；托叶膜质，微被柔毛，披针形，长约 2cm，早落。榕果单生或成对或簇生于叶腋或生无叶枝上，扁球形，直径 5 ～ 8mm，成熟时紫黑色，顶部微下陷，基生苞片 3，宽卵圆形，革质；总梗长 3 ～ 4mm；雄花、瘿花、雌花生于同一榕果内；雄花很少，生内壁近口部，无梗，花被片 3，宽卵形，雄蕊 1，花药卵圆形，花丝短；雌花无柄或有柄，花被片 3，披针形，花柱短，侧生，柱头圆形；瘿花多数，与雌花相似，仅子房有粗长的柄，柱头线形。花期 4 ～ 6 月，果期 3 ～ 8 月。

分布：产于我国台湾、福建、浙江、海南、云南南部。在中南半岛诸国、马来西亚（西海岸）等也有分布。

生境：常见于海拔 140 ～ 1400m 平原或村庄。

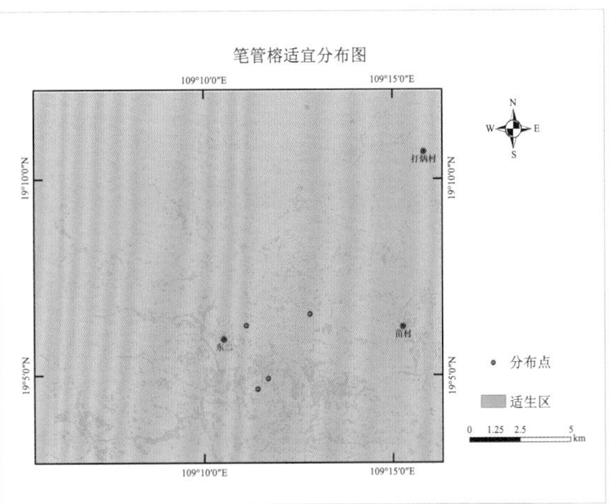

取食部位

取食月份

笔管榕	1	2	3	4	5	6	7	8	9	10	11	12

48 大果榕 *Ficus auriculata* Lour.

桑科 Moraceae 榕属 *Ficus*

形态特征： 乔木或小乔木，高 4 ～ 10m，胸径 10 ～ 15cm，榕冠广展。树皮灰褐色，粗糙，幼枝被柔毛，直径 10 ～ 15mm，红褐色，中空。叶互生，厚纸质，广卵状心形，长 15 ～ 55cm，宽 15 ～ 27cm，先端钝，具短尖，基部心形，稀圆形，边缘具整齐细锯齿，表面无毛，仅于中脉及侧脉有微柔毛，背面多被开展短柔毛，基生侧脉 5 ～ 7 条，侧脉每边 3 ～ 4 条，表面微下凹或平坦，背面突起；叶柄长 5 ～ 8cm，粗壮；托叶三角状卵形，长 1.5 ～ 2cm，紫红色，外面被短柔毛。榕果簇生于树干基部或老茎短枝上，大而梨形或扁球形至陀螺形，直径 3 ～ 5（～ 6）cm，具明显的纵棱 8 ～ 12 条，幼时被白色短柔毛，成熟脱落，红褐色，顶生苞片宽三角状卵形，4 ～ 5 轮覆瓦状排列而成莲座状，基生苞片 3，卵状三角形；总梗长 4 ～ 6cm，粗壮，被柔毛；雄花，无柄，花被片 3，匙形，薄膜质，透明，雄蕊 2 枚，花药卵形，花丝长；瘿花花被片下部合生，上部 3 裂，微覆盖子房，花柱侧生，被毛，柱头膨大；雌花，生于另一植株榕果内，有或无柄，花被片 3 裂，子房卵圆形，花柱侧生，被毛，较瘿花花柱长。瘦果有黏液。花期 8 月至翌年 3 月，果期 5 ～ 8 月。

分布： 产于我国海南、广西、云南 [海拔 130 ～ 1700（～ 2100）m]、贵州（罗甸）、四川西南部等。在印度、越南、巴基斯坦也有分布。

生境： 喜生于低山沟谷潮湿雨林中。

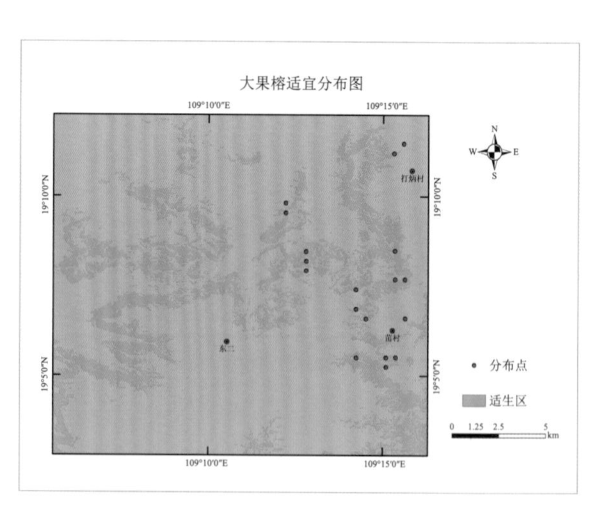

取食部位

取食月份

大果榕	1	2	3	4	5	6	7	8	9	10	11	12

49 黄毛榕 *Ficus esquiroliana* Levl.

桑科 Moraceae 榕属 *Ficus*

形态特征： 小乔木或灌木，高约 4 ～ 10m，树皮灰褐色，具纵棱；幼枝中空，被褐黄色硬长毛。叶互生，纸质，广卵形，长 17 ～ 27cm，宽 12 ～ 20cm，急渐尖，具长约 1cm 尖尾，基部浅心形，表面疏生糙伏状长毛，背面被长约 3mm 褐黄色波状长毛，以中脉和侧脉稠密，余均密被黄色和灰白色绵毛，基生侧脉每边 3 条，侧脉每边 5 ～ 6 条，分裂或不分裂，边缘有细锯齿，齿端被长毛；叶柄长 5 ～ 11cm，细长，疏生长硬毛；托叶披针形，长约 1 ～ 1.5cm，早落。榕果腋生，圆锥状椭圆形，直径 20 ～ 25mm，表面疏被或密生浅褐长毛，顶部脐状突起，基生苞片卵状披针形，长 8mm；雄花生榕果内壁口部，具柄，花被片 4，顶端全缘，雄蕊 2 枚。瘿花花被与雄花同，子房球形，光滑，花柱侧生，短，柱头漏斗形，雌花花被 4。瘦果斜卵圆形，表面有瘤体。花期 5 ～ 7 月，果期 7 月。

分布： 产于我国西藏、四川、贵州、云南、广西、广东、海南、台湾。在越南、老挝、泰国的北部也有分布。

生境： 生于海拔 500 ～ 2100m 的地区。

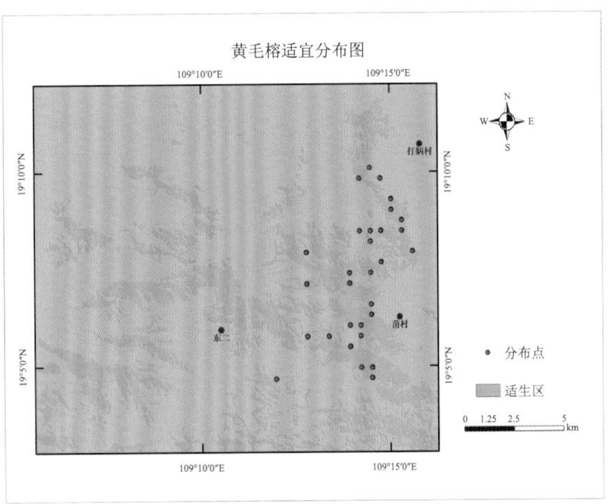

取食部位

取食月份

黄毛榕	1	2	3	4	5	6	7	8	9	10	11	12

50 杂色榕（青果榕）*Ficus variegata* Bl.

桑科 Moraceae 榕属 *Ficus*

形态特征：乔木，高 7 ～ 10m，树皮灰褐色，平滑，胸径 10 ～ 15 (～ 17) cm，幼枝绿色，微被柔毛。叶互生，厚纸质，广卵形至卵状椭圆形，长 10 ～ 17cm，顶端渐尖或钝，基部圆形至浅心形，边缘波状或具浅疏锯齿；幼叶背面被柔毛，基生叶脉 5 条，近基部的 2 条细小，侧脉 4 ～ 6 对；叶柄长 2.5 ～ 6cm，托叶卵状披针形，无毛，长 1 ～ 1.5cm。榕果簇生于老茎发出的瘤状短枝上，球形，直径 2.5 ～ 3cm，顶部微压扁，顶生苞片卵圆形，脐状微凸起，基生苞片 3，早落，残存环状疤痕，成熟榕果红色，有绿色条纹和斑点；总梗长 2 ～ 4cm；雄花生榕果内壁口部，花被片 3 ～ 4，宽卵形，雄蕊 2，花丝基部合生成一柄；瘿花生内壁近口部，花被合生，管状，顶端 4 ～ 5 齿裂，包围子房，花柱侧生，短，柱头漏斗形；雌花生于雌植株榕果内壁，花被片 3 ～ 4，条状披针形，薄膜质，基部合生。瘦果倒卵形，薄被瘤体，花柱与瘦果等长，柱头棒状，无毛。花期冬季，果期春季至秋季。

分布：在我国分布于广东、海南、广西、云南南部等。在印度 (包括南安达曼岛)、缅甸、越南、马来西亚、所罗门群岛和澳大利亚也有分布。

生境：在水湿条件较好的低海拔、沟谷地区常见。

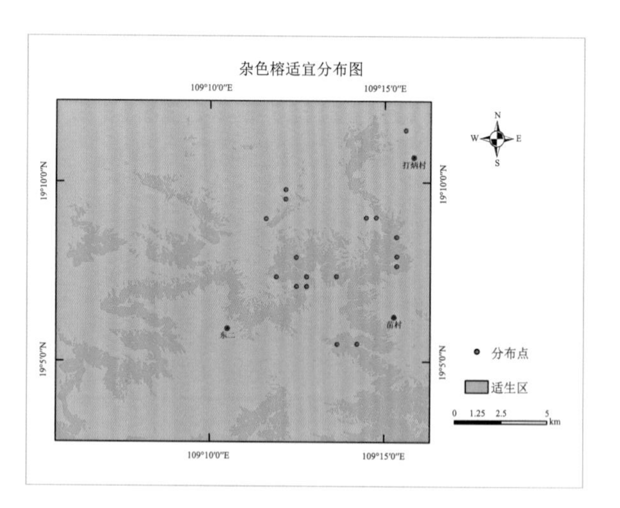

取食部位

取食月份

杂色榕	1	2	3	4	5	6	7	8	9	10	11	12

51 青藤公 *Ficus langkokensis* Drake

桑科 Moraceae 榕属 *Ficus*

形态特征：乔木，高 6 ～ 15m，树皮红褐色或灰黄色，小枝细，黄褐色，被锈色糠屑状毛。叶互生，纸质，椭圆状披针形至椭圆形，长 7 ～ 19cm，宽 2 ～ 6cm，顶端尾状渐尖，基部阔楔形，全缘，两面无毛，叶背红褐色，叶基三出脉，基出侧脉达叶的 1/3 ～ 1/2，侧脉 2 ～ 4 对，背面凸起，网脉在叶背稍明显；叶柄长 1 ～ 4cm，无毛或疏被柔毛；托叶披针形，长 7 ～ 10mm。榕果成对或单生于叶腋，球形，径 5 ～ 12mm，被锈色糠屑状毛，顶端具脐状凸起，基生苞片 3，阔卵形，总梗较细，长 5 ～ 15mm，被锈色糠屑状毛。雄花具柄，被片 3 ～ 4，卵形，雄蕊 1 ～ 2 枚，花丝短；雌花花被片 4，倒卵形，暗红色，花柱侧生。果期 7 ～ 8 月。

分布：产于我国福建、广东、广西、海南、四川、云南南部至东南部。在印度东北部（阿萨姆）、老挝、越南中部以北也有分布。

生境：生于海拔 150 ～ 2000m 山谷林中或沟边。

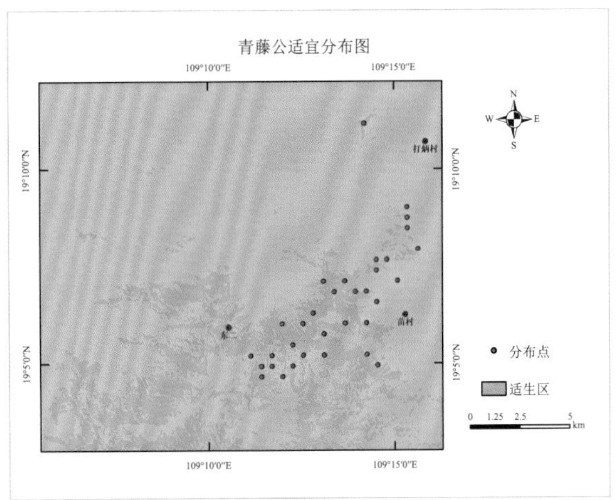

取食部位

取食月份

青藤公	1	2	3	4	5	6	7	8	9	10	11	12

52 藤榕 *Ficus hederacea* Roxb.

桑科 Moraceae 榕属 *Ficus*

形态特征：藤状灌木，茎、枝节上生根；小枝幼时被柔毛。叶排为二列，厚革质，椭圆形至卵状椭圆形，长 6 ~ 11cm，宽 3.5 ~ 5cm，顶端钝稀圆形，基部宽楔形或钝，幼时被毛，两面有乳头状钟乳体凸起，全缘，基生侧脉延长至叶片 1/3 ~ 1/2 处，侧脉每边 3 ~ 5 条，在表面下陷，背面凸起；叶柄长 10 ~ 20mm，粗壮；托叶卵形，早落。榕果单生或成对腋生或生于已落叶枝的叶腋，球形，直径 7 ~ 14mm，顶部脐状，微突起，幼时被短粗毛，成熟时黄绿色至红色，基生苞片下半部合生，上部 3 裂；总梗长 10 ~ 12mm；花间无刚毛；雄花少数，散生榕果内壁，无柄，花被片 3 ~ 4，雄蕊 2 枚，花药无尖头；花丝分离，瘿花具柄，花被片 4，披针形；子房倒卵形，坚硬，黑色，花柱短，近顶生，柱头弯曲；雌花生于另一榕果内，有或无柄；花被片 4，线形。瘦果椭圆形，背面有龙骨，花柱延长。花期 5 ~ 7 月，果期 11 月至翌年 1 月。

分布：产于我国海南、广西、云南（北达漾濞、泸水一线，海拔 600 ~ 1500m）、贵州。在尼泊尔、不丹、印度北部、缅甸、老挝、泰国等也有分布。

生境：生于海拔 600 ~ 1500m 的沟边、丘陵、山谷密林下，山坡林中。

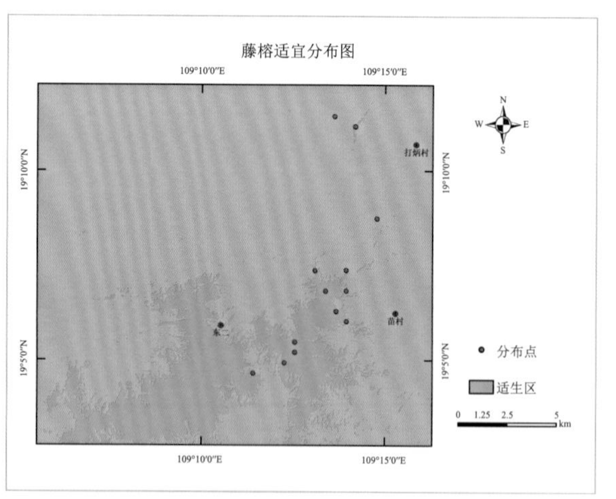

取食部位

取食月份

藤榕	1	2	3	4	5	6	7	8	9	10	11	12

53 九丁榕（凸脉榕）*Ficus nervosa* Heyne ex Roth

桑科 Moraceae 榕属 *Ficus*

形态特征： 乔木，幼时被微柔毛，成长脱落，小枝干后具槽纹。叶薄革质，椭圆形至长椭圆状披针形或倒卵状披针形，长 6 ～ 15cm 或更长，宽 2.5 ～ 5cm，先端短渐尖，有钝头，基部圆形至楔形，全缘，微反卷，表面深绿色，干后茶褐色，有光泽，背面颜色深，散生细小乳突状瘤点，基生侧脉短，脉腋有腺体，侧脉 7 ～ 11 对，在背面突起；叶柄长 1 ～ 2cm。榕果单生或成对腋生，球形或近球形，幼时表面有瘤体，直径 1 ～ 1.2cm，基部缢缩成柄，无总梗，基生苞片 3，卵圆形，被柔毛；雄花、瘿花和雌花同生于一榕果内；雄花具梗，生于内壁近口部，花被片 2，匙形，长短不一，雄蕊 1 枚；瘿花有梗或无梗，花被片 3，延长，顶部渐尖，花柱侧生，较瘦果长 2 倍，柱头棒状。花期 1 ～ 8 月，果期 7 ～ 12 月。

分布： 产于我国台湾、福建、广东、海南、广西、云南、四川、贵州。在越南、缅甸、印度、斯里兰卡也有分布。

生境： 生于海拔 400 ～ 1600m 的地区。

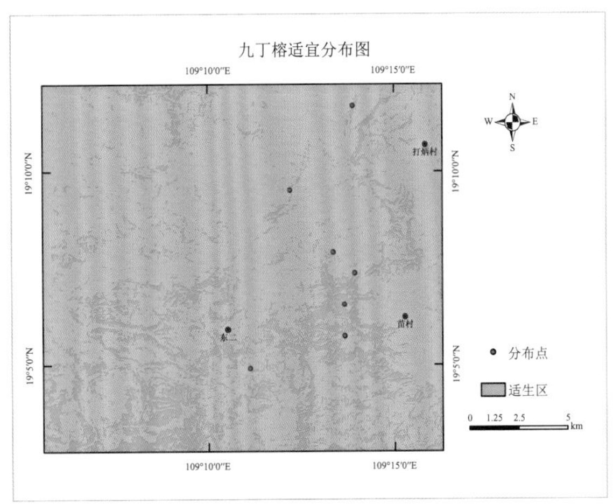

取食部位

取食月份

九丁榕	1	2	3	4	5	6	7	8	9	10	11	12

54 红紫麻 *Oreocnide rubescens*（Bl.）Miq.

荨麻科 Urticaceae 紫麻属 *Oreocnide*

形态特征：常绿小乔木或灌木，高 2 ～ 12m，树皮灰褐色或灰色；小枝褐色或紫红色，上部疏生粗毛。叶坚纸质，长圆形或倒卵状披针形，长 7 ～ 22cm，宽 3 ～ 8cm，先端渐尖或短尾状渐尖，基部圆形或宽楔形，边缘在基部或下部之上生浅的细牙齿或稍呈波状，上面光滑，下面在脉上疏生粗毛，其余无毛或疏生短柔毛，具羽状脉，侧脉 6 ～ 8 对；叶柄长 1 ～ 5cm，疏生粗毛；托叶披针形，长 6 ～ 10mm，外面中肋有短毛。花序生上年生和老枝上的叶腋，长 1 ～ 2cm，2 ～ 3 回二歧分枝，花序梗纤细，粗不及 0.5mm，疏生短柔毛；团伞花簇径 3 ～ 4mm。雄花近无梗；花被片 4，合生至中部，裂片长圆状卵形，长约 1mm，外面（尤近先端）生微硬毛；雄蕊 4；退化雌蕊近棒状，长约 0.7mm，密被雪白色绵毛。雌花长约 1mm。果核果状，绿色，干时变黑色，圆锥状，长约 1.2mm，外面贴生微糙毛，内果皮稍骨质，肉质“花托”盘状，生于果的基部。花期 4 ～ 5 月，果期 7 ～ 12 月。

分布：产于我国云南南部、广西西部。在缅甸、印度南部、斯里兰卡、印度尼西亚、菲律宾、越南也有分布。

生境：生于海拔 400 ～ 1600m 山谷林缘或混交林中。

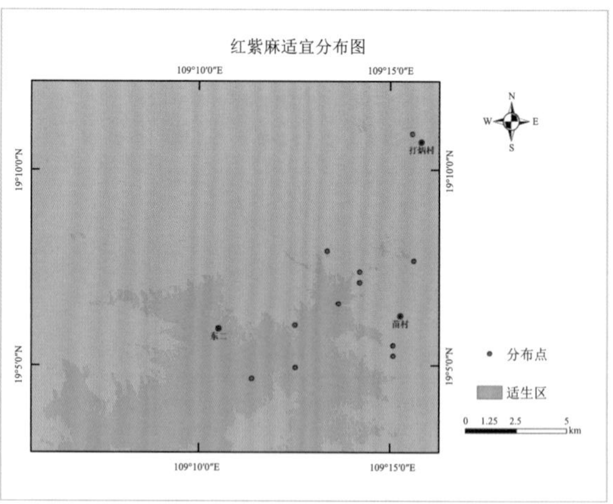

取食部位

取食月份

红紫麻	1	2	3	4	5	6	7	8	9	10	11	12

55 海南锥 *Castanopsis hainanensis* Merr.

壳斗科 Fagaceae 锥属 *Castanopsis*

形态特征： 乔木，高达 25m，胸径约 90cm，嫩枝、嫩叶、叶背、叶柄及花序轴和花被片被早脱落的红棕色或灰黄色或灰棕色甚短的毡状柔毛，小枝常呈灰色，散生明显凸起的皮孔。叶厚纸质或近革质，倒卵形或倒卵状椭圆形，或卵状椭圆形或阔卵形，长 5 ～ 12cm，宽 2.5 ～ 5cm，萌发枝的叶长达 17cm，顶部圆或短尖，基部短尖或阔楔形，叶缘有锯齿状锐齿，中脉在叶面凹陷，但萌发枝上的叶其中脉常稍凸起，侧脉每边 10 ～ 15（～ 18）条，直达齿端，支脉甚纤细或不显，成长叶的叶背常灰白色；叶柄长 10 ～ 18mm。果序长 10 ～ 17cm，果序轴与其着生的枝约等粗，横切面径 5 ～ 6mm；壳斗有 1 坚果，连刺径 40 ～ 50mm，刺密集，将壳斗外壁完全遮蔽；坚果阔圆锥形，高 12 ～ 15mm，横径 16 ～ 20mm，密被伏毛，果脐位于坚果的底部，但较宽。花期 3 ～ 4 月，果翌年 8 ～ 10 月成熟。

分布： 产于我国海南。

生境： 生于海拔约 400m 以下山地疏林中，在常绿阔叶林中常为上层树种。

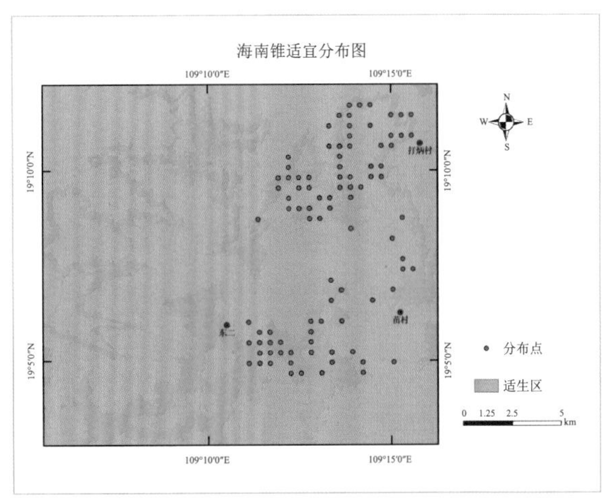

取食部位

取食月份

海南锥	1	2	3	4	5	6	7	8	9	10	11	12

56 红锥 *Castanopsis hystrix* J. D. Hooker et Thomson ex A. De Candolle

壳斗科 Fagaceae 锥属 *Castanopsis*

形态特征： 乔木，高达 25m，胸径 1.5m，当年生枝紫褐色，纤细，与叶柄及花序轴相同，均被或疏或密的微柔毛及黄棕色细片状蜡鳞，二年生枝暗褐黑色，无或几无毛及蜡鳞，密生几与小枝同色的皮孔。叶纸质或薄革质，披针形，有时兼有倒卵状椭圆形，长 4 ～ 9cm，宽 1.5 ～ 4cm，稀较小或更大，顶部短至长尖，基部甚短尖至近于圆，一侧略短且稍偏斜，全缘或有少数浅裂齿，中脉在叶面凹陷，侧脉每边 9 ～ 15 条，甚纤细，支脉通常不显，嫩叶背面至少沿中脉被脱落性的短柔毛兼有颇松散而厚、或较紧实而薄的红棕色或棕黄色细片状蜡鳞层；叶柄长很少达 1cm。雄花序为圆锥花序或穗状花序；雌穗状花序单穗位于雄花序之上部叶腋间，花柱 3 或 2 枚，斜展，长 1 ～ 1.5mm，通常被甚稀少的微柔毛，柱头位于花柱的顶端，增宽而平展，干后中央微凹陷。果序长达 15cm；壳斗有坚果 1 个，连刺径 25 ～ 40mm，稀较小或更大，整齐的 4 瓣开裂，刺长 6 ～ 10mm，数条在基部合生成刺束，间有单生，将壳壁完全遮蔽，被稀疏微柔毛；坚果宽圆锥形，高 10 ～ 15mm，横径 8 ～ 13mm，无毛，果脐位于坚果底部。花期 4 ～ 6 月，果翌年 8 ～ 11 月成熟。

分布： 产于我国福建东南部（南靖、云霄）、湖南西南部（江华）、广东（罗浮山以西南）、海南、广西、贵州（红水河南段）及云南南部、西藏东南部（墨脱）。在越南、老挝、柬埔寨、缅甸、印度等也有分布。

生境： 生于缓坡及山地常绿阔叶林中，稍干燥及湿润地方；有时成小片纯林，常为林木的上层树种，老年大树的树干有明显的板状根。

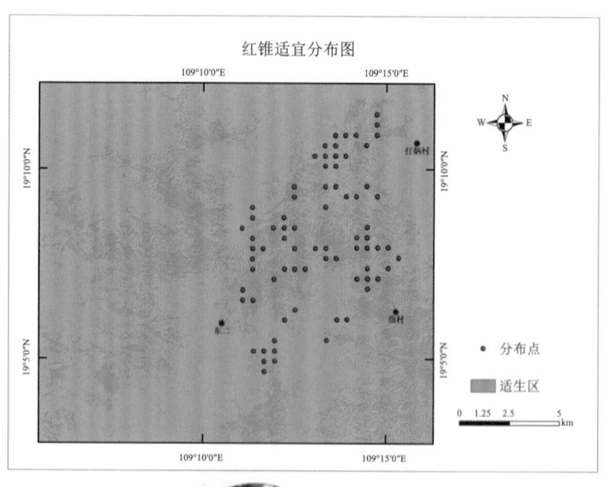

取食部位

取食月份

红锥	1	2	3	4	5	6	7	8	9	10	11	12

57 秀丽锥 *Castanopsis jucunda* Hance

壳斗科 Fagaceae 锥属 *Castanopsis*

形态特征：乔木，高达 26m，胸径 80cm，树皮灰黑色，块状脱落，当年生枝及新叶叶面干后褐黑色，芽鳞、嫩枝、嫩叶叶柄、叶背及花序轴均被早脱落的红棕色略松散的蜡鳞，枝、叶均无毛。叶纸质或近革质，卵形，卵状椭圆形或长椭圆形，常兼有倒卵形或倒卵状椭圆形，长 10 ～ 18cm，宽 4 ～ 8cm，顶部短或渐尖，基部近于圆或阔楔形，常一侧略短且偏斜，或两侧对称，叶缘至少在中部以上有锯齿状、很少波浪状裂齿，裂齿通常向内弯钩，中脉在叶面凹陷，侧脉每边 8 ～ 11 条，直达齿尖，支脉甚纤细；叶柄长 1 ～ 2.5cm。雄花序穗状或圆锥花序，花序轴无毛，花被裂片内面被短卷毛；雄蕊通常 10 枚；雌花序单穗腋生，各花部无毛，花柱 3 或 2 枚，长不超过 1mm。果序长达 15cm，果序轴较其着生的小枝纤细；壳斗近圆球形，连刺径 25 ～ 30mm，基部无柄，3 ～ 5 瓣裂，刺长 6 ～ 10mm，多条在基部合生成束，有时又横向连生成不连续刺环，刺及壳斗外壁被灰棕色片状蜡鳞及微柔毛，幼嫩时最明显；坚果阔圆锥形，高 11 ～ 15mm，横径 10 ～ 13mm，无毛或几无毛，果脐位于坚果底部。花期 4 ～ 5 月，果翌年 9 ～ 10 月成熟。

分布：产于我国长江以南多数省区，云南见于东南部。

生境：生于海拔 1000m 以下山坡疏或密林中，间有栽培，有时成小片纯林。

秀丽锥适宜分布图

109°10′0″E 109°15′0″E

19°10′0″N 19°5′0″N

N S W E

• 分布点

适生区

0 1.25 2.5 5 km

取食部位

取食月份

秀丽锥	1	2	3	4	5	6	7	8	9	10	11	12

58 灰毛杜英 *Elaeocarpus limitaneus* Hand. -Mazz.

杜英科 Elaeocarpaceae 杜英属 *Elaeocarpus*

形态特征：常绿小乔木；小枝稍粗壮，幼时被灰褐色紧贴茸毛。叶革质，椭圆形或倒卵形，长 7 ～ 16cm，宽 5 ～ 7cm，先端宽广而有一个短尖头，基部阔楔形，上面深绿色，干后仍发亮，下面被灰褐色紧贴茸毛，侧脉 6 ～ 8 对，在上面能见，在下面突起，网脉上面不明显，在下面稍突起，边缘有稀疏小钝齿；叶柄粗壮，近于秃净，长 2 ～ 3cm。总状花序生于枝顶叶眼内及无叶的去年枝条上，长 5 ～ 7cm，花序轴被灰色毛；花柄长 3 ～ 4mm，被毛；苞片 1，极细小，位于花柄基部，早落；萼片 5，狭窄披针形，长 5mm，被灰色毛；花瓣白色，长 6 ～ 7mm，外面无毛，上半部撕裂，裂片 12 ～ 16；雄蕊 30，长 4mm，有柔毛，花药无附属物；花盘 5，被毛；子房 3，被毛，花柱长 3mm。核果椭圆状卵形，长 2.5 ～ 3cm，宽 2cm，外果皮秃净无毛，顶端圆形，内果皮坚骨质，表面有沟纹。花期 7 月，果期 9 ～ 10 月。

分布：产于我国海南、广西东南部及云南东南部。在越南也有分布。

生境：生于海拔 1050 ～ 1650m 的森林中。

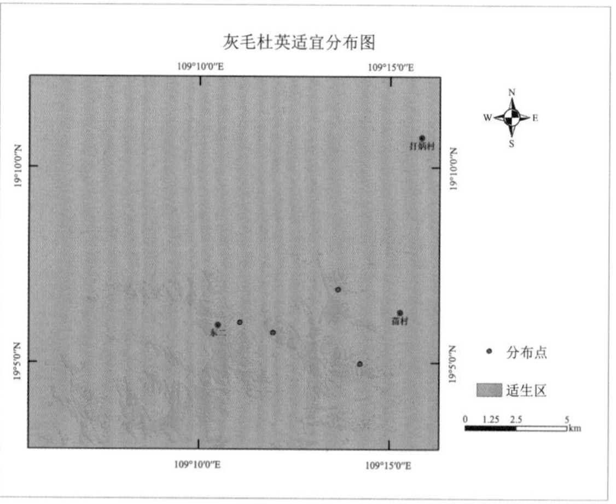

取食部位

取食月份

灰毛杜英	1	2	3	4	5	6	7	8	9	10	11	12

山杜英 *Elaeocarpus sylvestris*（Lour.）Poir.

杜英科 Elaeocarpaceae 杜英属 *Elaeocarpus*

形态特征： 小乔木，高约 10m；小枝纤细，通常秃净无毛；老枝干后暗褐色。叶纸质，倒卵形或倒披针形，长 4 ～ 8cm，宽 2 ～ 4cm，幼态叶长达 15cm，宽达 6cm，上下两面均无毛，干后黑褐色，不发亮，先端钝，或略尖，基部窄楔形，下延，侧脉 5 ～ 6 对，在上面隐约可见，在下面稍突起，网脉不大明显，边缘有钝锯齿或波状钝齿；叶柄长 1 ～ 1.5cm，无毛。总状花序生于枝顶叶腋内，长 4 ～ 6cm，花序轴纤细，无毛，有时被灰白色短柔毛；花柄长 3 ～ 4mm，纤细，通常秃净；萼片 5，披针形，长 4mm，无毛；花瓣倒卵形，上半部撕裂，裂片 10 ～ 12，外侧基部有毛；雄蕊 13 ～ 15，长约 3mm，花药有微毛，顶端无毛丛，亦缺附属物；花盘 5，圆球形，完全分开，被白色毛；子房被毛，2 ～ 3 室，花柱长 2mm。核果细小，椭圆形，长 1 ～ 1.2cm，内果皮薄骨质，有腹缝沟 3 条。花期 4 ～ 5 月，果期 10 ～ 11 月。

分布： 产于我国广东、海南、广西、福建、浙江、江西、湖南、贵州、四川及云南。在越南、老挝、泰国也有分布。

生境： 生于海拔 350 ～ 2000m 的常绿林里。

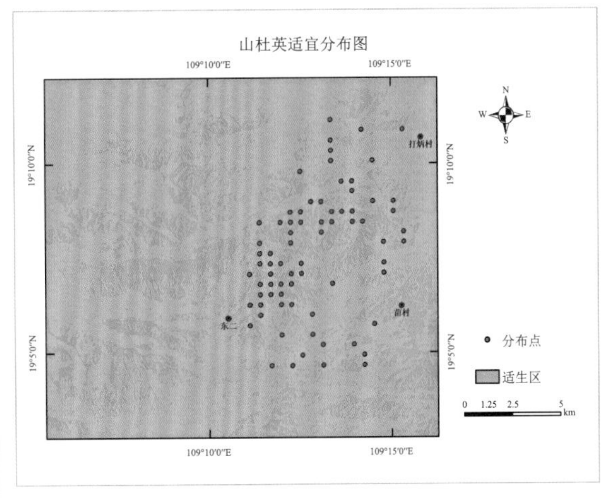

取食部位

取食月份

山杜英	1	2	3	4	5	6	7	8	9	10	11	12

60 显脉杜英 *Elaeocarpus dubius* A. DC.

杜英科 Elaeocarpaceae　杜英属 *Elaeocarpus*

形态特征： 常绿乔木，高达 25m；嫩枝纤细，初时有银灰色短柔毛，以后变秃净。叶聚生于枝顶，薄革质，长圆形或披针形，长 5 ～ 7cm，宽 2 ～ 2.5cm，偶有长达 10cm，宽 4cm，先端急短尖或渐尖，尖头钝，基部阔楔形或钝，稍不等侧，上面深绿色，发亮，下面浅绿色，无毛，侧脉 8 ～ 10 对，与网脉干后在上下两面都明显突起，边缘有钝齿；叶柄纤细，长 1 ～ 2cm，偶有长达 3cm，无毛。总状花序生于枝顶的叶腋内，长 3 ～ 5cm，被灰白色短柔毛；花柄长 7 ～ 9mm，被毛；萼片 5，狭窄披针形，长 7 ～ 8mm，宽 2mm，先端尖，内外两面都有灰白色微毛；花瓣 5，与萼片等长，长圆形，长 7 ～ 8mm，宽约 2.5mm，内外两面均有灰白色毛，先端 1/3 撕裂，裂片 9 ～ 11；雄蕊 20 ～ 23，花丝长 1mm，花药长 3.5mm，顶端有芒刺，长约 1.5mm；花盘 10，被毛；子房 3，被毛，花柱长约 5mm。核果椭圆形，长 1 ～ 1.3cm，无毛，内果皮坚骨质，厚约 1mm。花期 3 ～ 4 月，果期 4 ～ 8 月。

分布： 产于我国广东、海南、广西及云南。在越南也有分布。

生境： 生于低海拔的常绿林中。

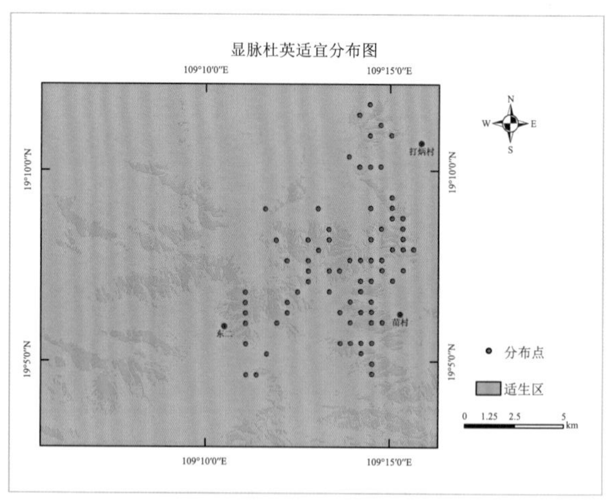

取食部位

取食月份

显脉杜英	1	2	3	4	5	6	7	8	9	10	11	12

61 圆果杜英 *Elaeocarpus angustifolius* Blume

杜英科 Elaeocarpaceae　杜英属 *Elaeocarpus*

形态特征： 乔木，高 20m；嫩枝被黄褐色柔毛，老枝暗褐色。嫩叶两面被柔毛，老叶变秃净，纸质，倒卵状长圆形至披针形，长 9 ～ 14cm，宽 3 ～ 4.5cm，先端尖或略钝，基部阔楔形，上面深绿色，干后仍有光泽，下面带褐色，常有细小黑腺点，侧脉 10 ～ 12 对，与网脉在上面不明显，在下面稍突起，边缘有小钝齿；叶柄长 1 ～ 1.5cm，初时有柔毛，以后变秃净。总状花序生于当年枝的叶腋内，长 2 ～ 4cm，有花数朵，花序轴被毛；花柄长 5mm；萼片披针形，长 5mm，宽 1.5mm，两面均有毛；花瓣约与萼片等长，撕裂至中部，下半部有毛；雄蕊 25，先端有毛丛；子房 5，被茸毛，花柱长 5mm。核果圆球形，直径 1.8cm，5 室，每室有种子 1 颗，内果皮硬骨质，表面有沟。花期 8 ～ 9 月，果期 9 ～ 11 月。

分布： 产于我国海南、云南及广西。在中南半岛、马来西亚、苏门答腊及喜马拉雅东南麓也有分布。

生境： 生于海拔 450 ～ 1300m 的山谷森林里。

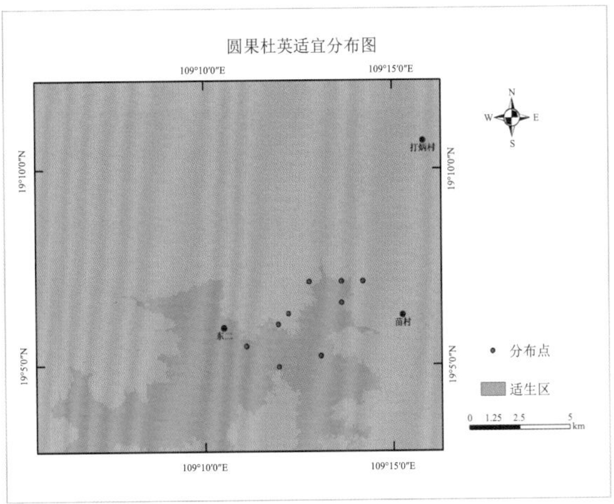

取食部位

取食月份

圆果杜英	1	2	3	4	5	6	7	8	9	10	11	12

62 黄桐 *Endospermum chinense* Benth.

大戟科 Euphorbiaceae 黄桐属 *Endospermum*

形态特征： 乔木，高 6 ～ 20m，树皮灰褐色；嫩枝、花序和果均密被灰黄色星状微柔毛；小枝的毛渐脱落，叶痕明显，灰白色。叶薄革质，椭圆形至卵圆形，长 8 ～ 20cm，宽 4 ～ 14cm，顶端短尖至钝圆形，基部阔楔形、钝圆、截平至浅心形，全缘，两面近无毛或下面被疏生微星状毛，基部有 2 枚球形腺体；侧脉 5 ～ 7 对；叶柄长 4 ～ 9cm；托叶三角状卵形，长 3 ～ 4mm，具毛。花序生于枝条近顶部叶腋，雄花序长 10 ～ 20cm，雌花序长 6 ～ 10cm，苞片卵形，长 1 ～ 2mm；雄花花萼杯状，有 4 ～ 5 枚浅圆齿；雄蕊 5 ～ 12，2 ～ 3 轮，生于长约 4mm 的突起花托上，花丝长约 1mm；雌花花萼杯状，长约 2mm，具 3 ～ 5 枚波状浅裂，被毛，宿存；花盘环状，2 ～ 4 齿裂；子房近球形，被微绒毛，2 ～ 3 室，花柱短，柱头盘状。果近球形，直径约 10mm，果皮稍肉质；种子椭圆形，长约 7mm。花期 5 ～ 8 月，果期 8 ～ 11 月。

分布： 产于我国福建南部、广东、海南、广西、云南南部。在印度东北部、缅甸、泰国、越南也有分布。

生境： 生于海拔 600m 以下山地常绿林中。

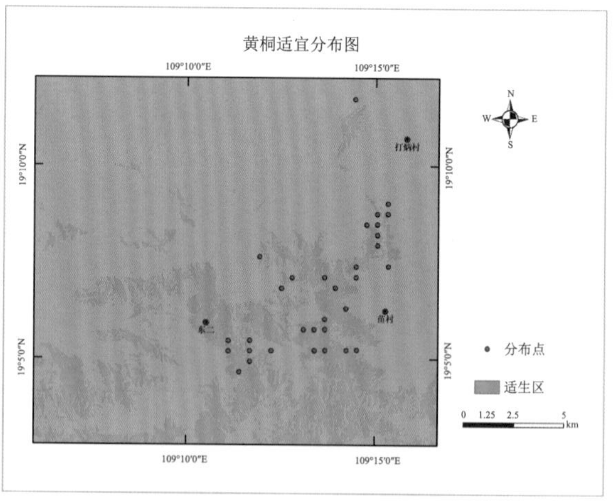

取食部位

取食月份

黄桐	1	2	3	4	5	6	7	8	9	10	11	12

 木奶果 *Baccaurea ramiflora* Loureiro

叶下珠科 Phyllanthaceae 木奶果属 *Baccaurea*

形态特征： 常绿乔木，高 5 ～ 15m，胸径达 60cm；树皮灰褐色；小枝被糙硬毛，后变无毛。叶片纸质，倒卵状长圆形、倒披针形或长圆形，长 9 ～ 15cm，宽 3 ～ 8cm，顶端短渐尖至急尖，基部楔形，全缘或浅波状，上面绿色，下面黄绿色，两面均无毛；侧脉每边 5 ～ 7 条，上面扁平，下面凸起；叶柄长 1 ～ 4.5cm。花小，雌雄异株，无花瓣；总状圆锥花序腋生或茎生，被疏短柔毛，雄花序长达 15cm，雌花序长达 30cm；苞片卵形或卵状披针形，长 2 ～ 4mm，棕黄色；雄花萼片 4 ～ 5，长圆形，外面被疏短柔毛，雄蕊 4 ～ 8；退化雌蕊圆柱状，2 深裂；雌花萼片 4 ～ 6，长圆状披针形，外面被短柔毛；子房卵形或圆球形，密被锈色糙伏毛，花柱极短或无，柱头扁平，2 裂。浆果状蒴果卵状或近圆球状，长 2 ～ 2.5cm，直径 1.5 ～ 2cm，黄色后变紫红色，不开裂，内有种子 1 ～ 3 颗；种子扁椭圆形或近圆形，长 1 ～ 1.3cm。花期 3 ～ 4 月，果期 6 ～ 10 月。

分布： 产于我国广东、海南、广西和云南。在印度、缅甸、泰国、越南、老挝、柬埔寨和马来西亚等也有分布。

生境： 生于海拔 100 ～ 1300m 的山地林中。

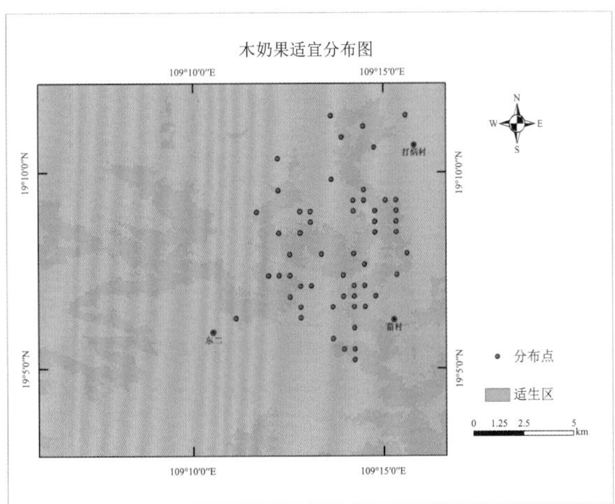

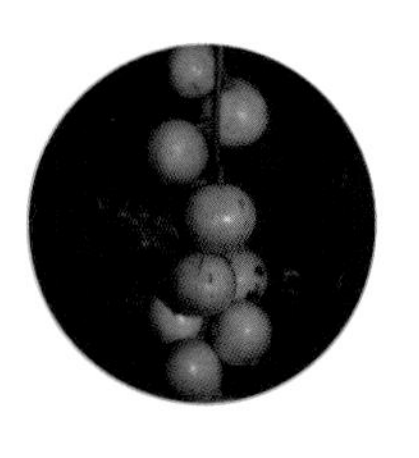

取食部位

取食月份

木奶果	1	2	3	4	5	6	7	8	9	10	11	12

64 秋枫 *Bischofia javanica* Blume

叶下珠科 Phyllanthaceae 秋枫属 *Bischofia*

形态特征：常绿或半常绿大乔木，高达 40m，胸径可达 2.3m；树干圆满通直，但分枝低，主干较短；树皮灰褐色至棕褐色，厚约 1cm，近平滑，老树皮粗糙，内皮纤维质，稍脆；砍伤树皮后流出汁液红色，干凝后变瘀血状；木材鲜时有酸味，干后无味，表面槽棱突起；小枝无毛。三出复叶，稀 5 小叶，总叶柄长 8 ～ 20cm；小叶片纸质，卵形、椭圆形、倒卵形或椭圆状卵形，长 7 ～ 15cm，宽 4 ～ 8cm，顶端急尖或短尾状渐尖，基部宽楔形至钝，边缘有浅锯齿，每 1cm 长有 2 ～ 3 个，幼时仅叶脉上被疏短柔毛，老渐无毛；顶生小叶柄长 2 ～ 5cm，侧生小叶柄长 5 ～ 20mm；托叶膜质，披针形，长约 8mm，早落。花小，雌雄异株，多朵组成腋生的圆锥花序；雄花序长 8 ～ 13cm，被微柔毛至无毛；雌花序长 15 ～ 27cm，下垂。雄花：直径达 2.5mm；萼片膜质，半圆形，内面凹成勺状，外面被疏微柔毛；花丝短；退化雌蕊小，盾状，被短柔毛。雌花：萼片长圆状卵形，内面凹成勺状，外面被疏微柔毛，边缘膜质；子房光滑无毛，3 ～ 4 室，花柱 3 ～ 4，线形，顶端不分裂。果实浆果状，圆球形或近圆球形，直径 6 ～ 13mm，淡褐色；种子长圆形，长约 5mm。花期 4 ～ 5 月，果期 8 ～ 10 月。

分布：产于我国陕西、江苏、安徽、浙江、江西、福建、台湾、河南、湖北、湖南、广东、海南、广西、四川、贵州、云南等地。在印度、缅甸、泰国、老挝、柬埔寨、越南、马来西亚、印度尼西亚、菲律宾、日本、澳大利亚和波利尼西亚等也有分布。

生境：常生于海拔 800m 以下山地潮湿沟谷林中或平原栽培，尤以河边堤岸或行道树为多。幼树稍耐荫，喜水湿，为热带和亚热带常绿季雨林中的主要树种。在土层深厚、湿润肥沃的砂质壤土生长特别良好。

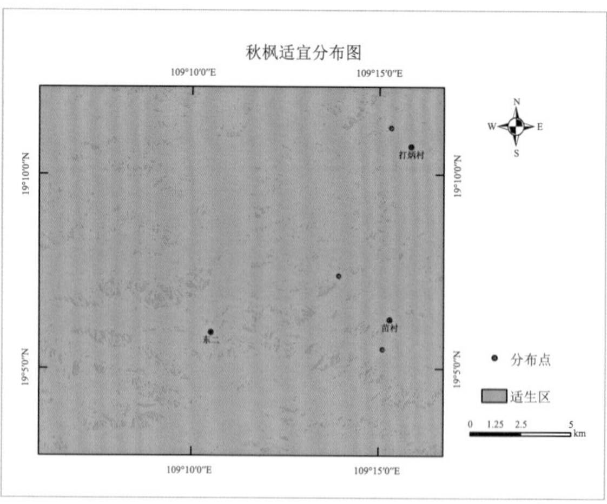

取食月份

秋枫	1	2	3	4	5	6	7	8	9	10	11	12

65 禾串树 *Bridelia balansae* Tutcher

叶下珠科 Phyllanthaceae 土蜜树属 *Bridelia*

形态特征： 乔木，高达 17m，树干通直，胸径达 30cm，树皮黄褐色，近平滑，内皮褐红色；小枝具有凸起的皮孔，无毛。叶片近革质，椭圆形或长椭圆形，长 5 ～ 25cm，宽 1.5 ～ 7.5cm，顶端渐尖或尾状渐尖，基部钝，无毛或仅在背面被疏微柔毛，边缘反卷；侧脉每边 5 ～ 11 条；叶柄长 4 ～ 14mm；托叶线状披针形，长约 3mm，被黄色柔毛。花雌雄同序，密集成腋生的团伞花序；除萼片及花瓣被黄色柔毛外，其余无毛；雄花直径 3 ～ 4mm，花梗极短；萼片三角形，长约 2mm，宽 1mm；花瓣匙形，长约为萼片的 1/3；花丝基部合生，上部平展；花盘浅杯状；退化雌蕊卵状锥形；雌花直径 4 ～ 5mm，花梗长约 1mm；萼片与雄花的相同；花瓣菱状圆形，长约为萼片之半；花盘坛状，全包子房，后期由于子房膨大而撕裂；子房卵圆形，花柱 2，分离，长约 1.5mm，顶端 2 裂，裂片线形。核果长卵形，直径约 1cm，成熟时紫黑色，1 室。花期 3 ～ 8 月，果期 9 ～ 11 月。

分布： 产于我国福建、台湾、广东、海南、广西、四川、贵州、云南等地。在印度、泰国、越南、印度尼西亚、菲律宾和马来西亚等也有分布。

生境： 生于海拔 300 ～ 800m 山地疏林或山谷密林中。

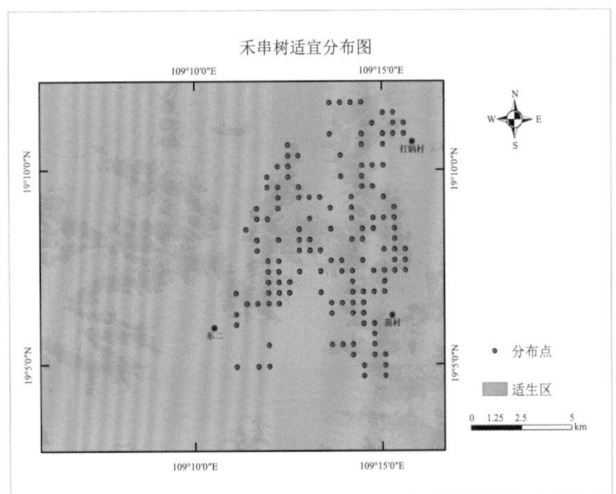

取食部位

取食月份

禾串树	1	2	3	4	5	6	7	8	9	10	11	12

66 山地五月茶 *Antidesma montanum* Bl.

叶下珠科 Phyllanthaceae 五月茶属 *Antidesma*

形态特征：乔木，高达 15m；除幼枝、叶脉、叶柄、花序和花萼的外面及内面基部被短柔毛或疏柔毛外，其余无毛。叶片纸质，椭圆形、长圆形、倒卵状长圆形、披针形或长圆状披针形，长 7 ～ 25cm，宽 2 ～ 10cm，顶端具长或短的尾状尖，或渐尖有小尖头，基部急尖或钝；侧脉每边 7 ～ 9 条，在叶面扁平，在叶背凸起；叶柄长达 1cm；托叶线形，长 4 ～ 10mm。总状花序顶生或腋生，长 5 ～ 16cm，分枝或不分枝；雄花：花梗长 1mm 或近无梗；花萼浅杯状，3 ～ 5 裂，裂片宽卵形，顶端钝，边缘具有不规则的牙齿；雄蕊 3 ～ 5，着生于花盘裂片之间；花盘肉质，3 ～ 5 裂；退化雌蕊倒锥状至近圆球状，顶端钝，有时不明显的分裂；雌花：花萼杯状，3 ～ 5 裂，裂片长圆状三角形；花盘小，分离；子房卵圆形，花柱顶生。核果卵圆形，长 5 ～ 8mm；果梗长 3 ～ 4mm。花期 4 ～ 7 月，果期 7 ～ 11 月。

分布：产于我国广东、海南、广西、贵州、云南和西藏等地。在缅甸、越南、老挝、柬埔寨、马来西亚、印度尼西亚等也有分布。

生境：生于海拔 700 ～ 1500m 山地密林中。

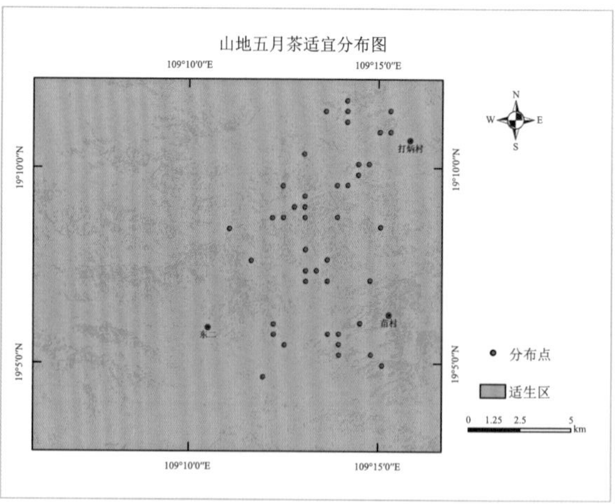

取食部位

取食月份

山地五月茶	1	2	3	4	5	6	7	8	9	10	11	12

67 毒鼠子 *Dichapetalum gelonioides*（Roxb.）Engl.

毒鼠子科 Dichapetalaceae 毒鼠子属 *Dichapetalum*

形态特征： 小乔木或灌木；幼枝被紧贴短柔毛，后变无毛，具散生圆形白色皮孔。叶片纸质或半革质，椭圆形、长椭圆形或长圆状椭圆形，长 6 ～ 16cm，宽 2 ～ 6cm，先端渐尖或钝渐尖，基部楔形或阔楔形，稍偏斜，全缘，无毛或仅背面沿中脉和侧脉被短柔毛，侧脉 5 ～ 6，叶柄长 3 ～ 5mm，无毛或疏被柔毛；托叶针状，长约 3mm，被疏柔毛，早落。花雌雄异株，组成聚伞花序或单生叶腋，稍被柔毛；花瓣宽匙形，先端微裂或近全缘；雌花中子房 2 室，稀 3 室，密被黄褐色短柔毛，雄花中的退化子房密被白色绵毛，花柱 1，多少深裂。果为核果，若 2 室均发育者，则倒心形，长宽均约 1.8cm，若仅 1 室发育，则呈偏斜的长椭圆形，长约 1.6cm，幼时密被黄褐色短柔毛，成熟时被灰白色疏柔毛。果期 7 ～ 10 月。

分布： 产于我国广东、海南和云南。在印度、斯里兰卡、菲律宾、马来西亚和印度尼西亚也有分布。

生境： 生于 1500m 左右的山地密林中。

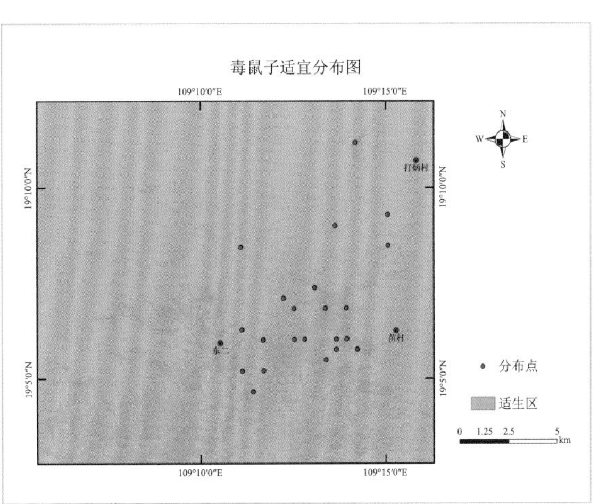

取食部位

取食月份

毒鼠子	1	2	3	4	5	6	7	8	9	10	11	12

68 多花山竹子（木竹子）*Garcinia multiflora* Champ. ex Benth.

藤黄科 Clusiaceae 藤黄属 *Garcinia*

形态特征： 乔木，稀灌木，高（3～）5～15m，胸径20～40cm；树皮灰白色，粗糙；小枝绿色，具纵槽纹。叶片革质，卵形，长圆状卵形或长圆状倒卵形，长7～16（～20）cm，宽3～6（～8）cm，顶端急尖，渐尖或钝，基部楔形或宽楔形，边缘微反卷，干时背面苍绿色或褐色，中脉在上面下陷，下面隆起，侧脉纤细，10～15对，至近边缘处网结，网脉在表面不明显；叶柄长0.6～1.2cm。花杂性，同株。雄花序呈聚伞状圆锥花序式，长5～7cm，有时单生，总梗和花梗具关节，雄花直径2～3cm，花梗长0.8～1.5cm；萼片2大2小，花瓣橙黄色，倒卵形，长为萼片的1.5倍，花丝合生成4束，高出于退化雌蕊，束柄长2～3mm，每束约有花药50枚，聚合成头状，有时部分花药呈分枝状，花药2室；退化雌蕊柱状，具明显的盾状柱头，4裂。雌花序有雌花1～5，退化雄蕊束短，束柄长约1.5mm，短于雌蕊；子房长圆形，上半部略宽，2室，无花柱，柱头大而厚，盾形。果卵圆形至倒卵圆形，长3～5cm，直径2.5～3cm，成熟时黄色，盾状柱头宿存。种子1～2，椭圆形，长2～2.5cm。花期6～8月，果期11～12月，同时偶有花果并存。

分布： 产于我国台湾、福建、江西、湖南西南部、广东、海南、广西、贵州南部、云南等地。在越南北部也有分布。本种模式标本采自香港。

生境： 本种适应性较强，生于山坡疏林或密林中，沟谷边缘或次生林或灌丛中，海拔100m（广东封开），通常为440～1200m，有时可达1900m（云南金平）。

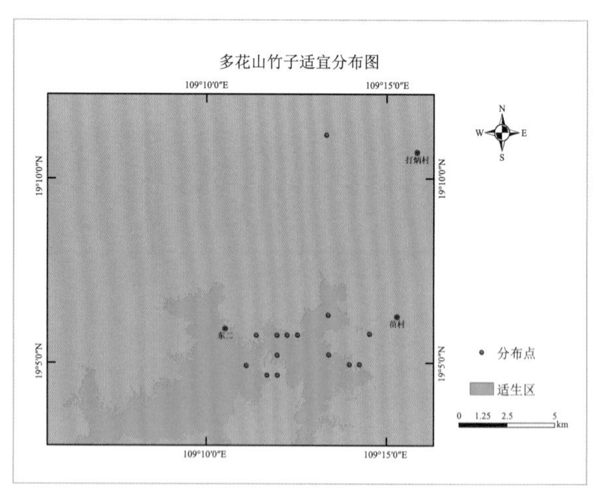

取食部位

取食月份

多花山竹子	1	2	3	4	5	6	7	8	9	10	11	12

69 岭南山竹子 *Garcinia oblongifolia* Champ. ex Benth.

藤黄科 Clusiaceae 藤黄属 *Garcinia*

形态特征： 乔木或灌木，高 5 ～ 15m，胸径可达 30cm；树皮深灰色。老枝通常具断环纹。叶片近革质，长圆形，倒卵状长圆形至倒披针形，长 5 ～ 10cm，宽 2 ～ 3.5cm，顶端急尖或钝，基部楔形，干时边缘反卷，中脉在上面微隆起，侧脉 10 ～ 18；叶柄长约 1cm。花小，直径约 3mm，单性，异株，单生或成伞形状聚伞花序，花梗长 3 ～ 7mm。雄花萼片等大，近圆形，长 3 ～ 5mm；花瓣橙黄色或淡黄色，倒卵状长圆形，长 7 ～ 9mm；雄蕊多数，合生成 1 束，花药聚生成头状，无退化雌蕊。雌花的萼片、花瓣与雄花相似；退化雄蕊合生成 4 束，短于雌蕊；子房卵球形，8 ～ 10 室，无花柱，柱头盾形，隆起，辐射状分裂，上面具乳头状瘤突。浆果卵球形或圆球形，长 2 ～ 4cm，直径 2 ～ 3.5cm，基部萼片宿存，顶端承以隆起的柱头。花期 4 ～ 5 月，果期 10 ～ 12 月。

分布： 产于我国广东、广西。在越南北部也有分布。本种模式标本采自香港。

生境： 生于平地、丘陵、沟谷密林或疏林中，海拔 200 ～ 400（1200）m。

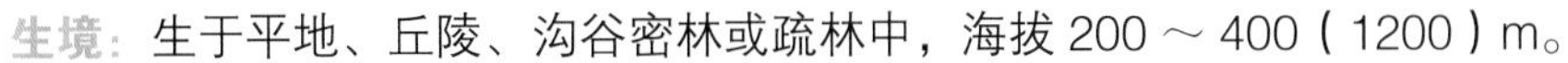

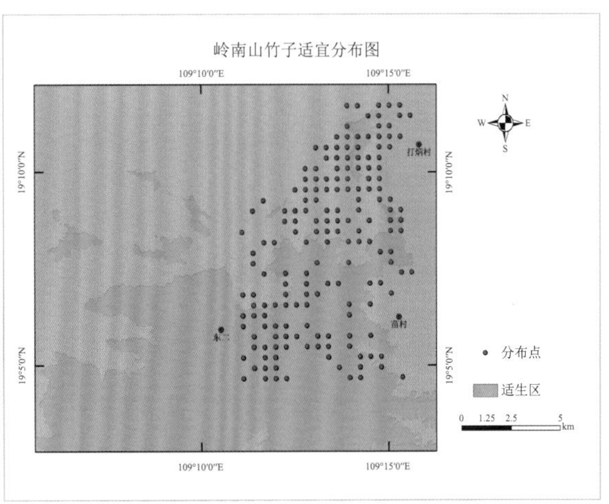

取食部位

取食月份

岭南山竹子	1	2	3	4	5	6	7	8	9	10	11	12

70 赤楠 *Syzygium buxifolium* Hook. et Arn.

桃金娘科 Myrtaceae 蒲桃属 *Syzygium*

形态特征：灌木或小乔木；嫩枝有棱，干后黑褐色。叶片革质，阔椭圆形至椭圆形，有时阔倒卵形，长 1.5 ~ 3cm，宽 1 ~ 2cm，先端圆或钝，有时有钝尖头，基部阔楔形或钝，上面干后暗褐色，无光泽，下面稍浅色，有腺点，侧脉多而密，脉间相隔 1 ~ 1.5mm，斜行向上，离边缘 1 ~ 1.5mm 处结合成边脉，在上面不明显，在下面稍突起；叶柄长 2mm。聚伞花序顶生，长约 1cm，有花数朵；花梗长 1 ~ 2mm；花蕾长 3mm；萼管倒圆锥形，长约 2mm，萼齿浅波状；花瓣 4，分离，长 2mm；雄蕊长 2.5mm；花柱与雄蕊同等。果实球形，直径 5 ~ 7mm。花期 6 ~ 8 月，果期 10 ~ 12 月。

分布：产于我国安徽、浙江、台湾、福建、江西、湖南、广东、广西、贵州。在越南等也有分布。

生境：生于低山疏林或灌丛。

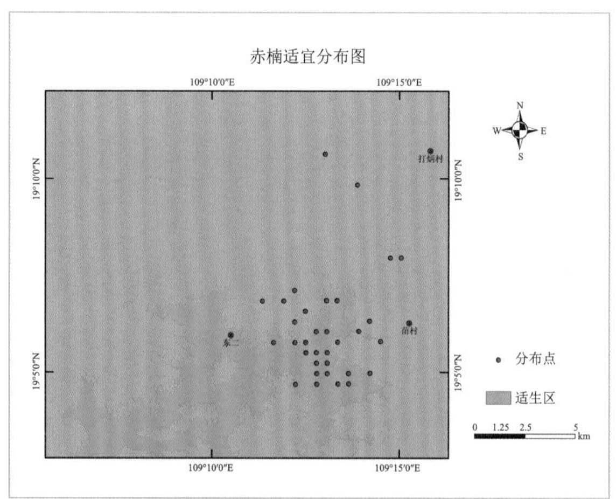

取食部位

取食月份

赤楠	1	2	3	4	5	6	7	8	9	10	11	12

71 红鳞蒲桃 *Syzygium hancei* Merr. et Perry

桃金娘科 Myrtaceae　蒲桃属 *Syzygium*

形态特征： 灌木或中等乔木，高达 20m；嫩枝圆形，干后变黑褐色。叶片革质，狭椭圆形至长圆形或为倒卵形，长 3 ~ 7cm，宽 1.5 ~ 4cm，先端钝或略尖，基部阔楔形或较狭窄，上面干后暗褐色，不发亮，有多数细小而下陷的腺点，下面同色，侧脉相隔约 2mm，以 60° 开角缓斜向上，在两面均不明显，边脉离边缘约 0.5mm；叶柄长 3 ~ 6mm。圆锥花序腋生，长 1 ~ 1.5cm，多花；无花梗；花蕾倒卵形，长 2mm，萼管倒圆锥形，长 1.5mm，萼齿不明显；花瓣 4 枚，分离，圆形，长 1mm，雄蕊比花瓣略短；花柱与花瓣同长。果实球形，直径 5 ~ 6mm。花期 7 ~ 9 月，果期 11 月至翌年 1 月。

分布： 产于我国福建、海南、广东、广西等地。

生境： 常见于低海拔疏林中。

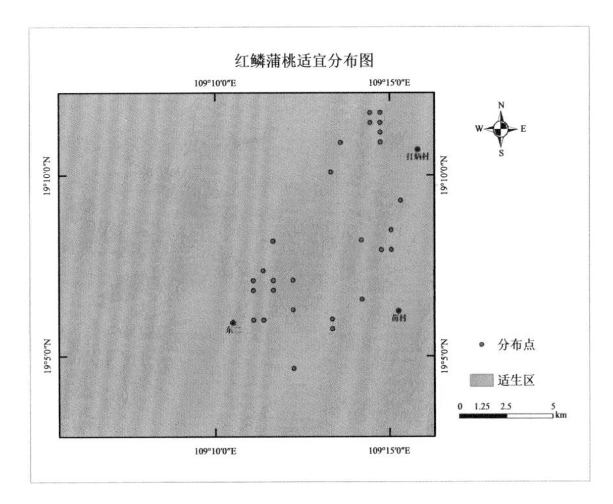

取食部位

取食月份

红鳞蒲桃 1 2 3 4 5 6 7 8 9 10 11 12

72 密脉蒲桃 *Syzygium chunianum* Merr. et Perry

桃金娘科 Myrtaceae　蒲桃属 *Syzygium*

形态特征： 乔木，高达 22m；嫩枝纤细，圆形，干后灰色，老枝灰褐色。叶片薄革质，椭圆形或倒卵状椭圆形，长 4 ～ 10cm，宽 1.5 ～ 4.5cm，先端宽而急渐尖，尖头长 1 ～ 1.5cm，基部阔楔形或略钝，上面干后橄榄色或变灰褐色，下面黄褐色，两面均有细小腺点，侧脉多而密，彼此相隔不到 1mm，近于水平缓斜向边缘，边脉极靠近边缘；叶柄长 7 ～ 12mm。圆锥花序顶生或近顶生，长 1.5 ～ 3cm，少分枝，有花 3 ～ 9 朵，常 3 朵簇生；花梗长 1.5mm，中央花朵无柄；花蕾长约 2.5mm；萼管长 2mm，先端平截，萼齿不明显；花瓣连合成帽状；雄蕊和花柱极短。果实球形，直径 6 ～ 7mm。花期 6 ～ 7 月，果期 8 ～ 12 月。

分布： 产于我国海南及广西。

生境： 偶见于中海拔的常绿林里。

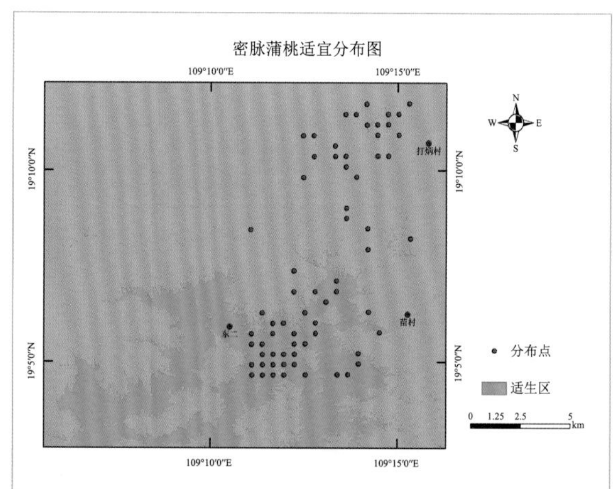

取食部位

取食月份

密脉蒲桃	1	2	3	4	5	6	7	8	9	10	11	12

73 乌墨 *Syzygium cumini*（L.）Skeels

桃金娘科 Myrtaceae 蒲桃属 *Syzygium*

形态特征： 乔木，高 15m；嫩枝圆形，干后灰白色。叶片革质，阔椭圆形至狭椭圆形，长 6 ～ 12cm，宽 3.5 ～ 7cm，先端圆或钝，有一个短的尖头，基部阔楔形，稀为圆形，上面干后褐绿色或为黑褐色，略发亮，下面稍浅色，两面多细小腺点，侧脉多而密，脉间相隔 1 ～ 2mm，缓斜向边缘，离边缘 1mm 处结合成边脉；叶柄长 1 ～ 2cm。圆锥花序腋生或生于花枝上，偶有顶生，长可达 11cm；有短花梗，花白色，3 ～ 5 朵簇生；萼管倒圆锥形，长 4mm，萼齿很不明显；花瓣 4，卵形略圆，长 2.5mm；雄蕊长 3 ～ 4mm；花柱与雄蕊等长。果实卵圆形或壶形，长 1 ～ 2cm，上部有长 1 ～ 1.5mm 的宿存萼筒；种子 1 颗。花期 2 ～ 3 月，果期 6 ～ 9 月。

分布： 产于我国台湾、福建、海南、广东、广西、云南等地。在中南半岛、马来西亚、印度、印度尼西亚、澳大利亚等也有分布。

生境： 常见于平地次生林及荒地上。

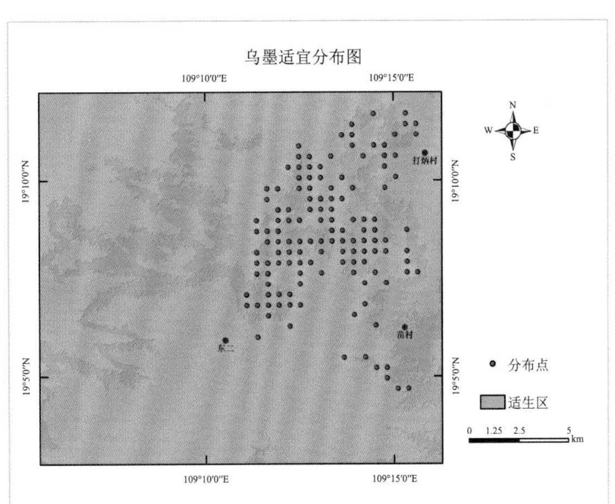

取食部位

取食月份

乌墨	1	2	3	4	5	6	7	8	9	10	11	12

74 线枝蒲桃 *Syzygium araiocladum* Merr. et Perry

桃金娘科 Myrtaceae 蒲桃属 *Syzygium*

形态特征：小乔木，高 10m；嫩枝极纤细，圆形，干后褐色。叶片革质，卵状长披针形，长 3～5.5cm，宽 1～1.5cm，先端长尾状渐尖，尾部的长度约 2cm，尖细而弯斜，基部宽而急尖，阔楔形，上面干后橄榄绿色，下面多细小腺点，侧脉多而密，相隔约 1.5mm，以 70° 开角缓斜向边缘，离边缘 1mm 处相结合成边脉，在上下两面均不明显；叶柄长 2～3mm。聚伞花序顶生或生于上部叶腋内，长 1.5cm，有花 3～6 朵；花蕾短棒状，长 7～8mm，花梗长 1～2mm；萼管长 7mm，粉白色，干后直向皱缩，萼齿 4～5 个，三角形，长 0.8mm，先端尖；花瓣 4～5 枚，分离，卵形，长 2mm；雄蕊长 3～4mm；花柱长 5mm。果实近球形，长 5～7mm，宽 4～6mm。花期 5～6 月，果期 11 月。

分布：产于我国海南、广西。在越南也有分布。

生境：在海南岛雨林中常见。

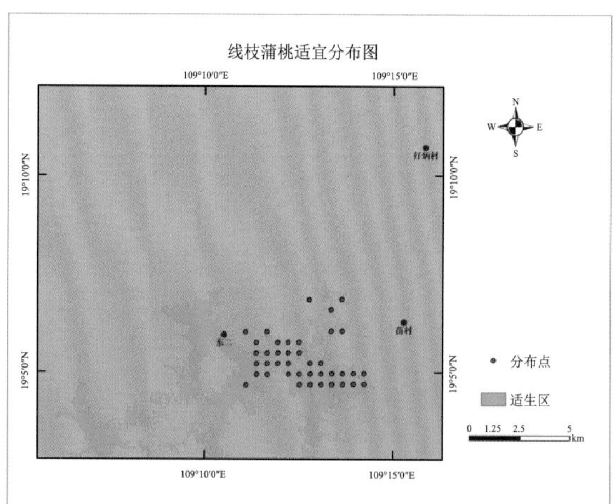

取食部位

取食月份

线枝蒲桃	1	2	3	4	5	6	7	8	9	10	11	12

75 大果水翁（散点蒲桃）*Cleistocalyx conspersipunctatus* Merr. et Perry

桃金娘科 Myrtaceae 蒲桃属 *Syzygium*

形态特征：乔木，高达30m；树皮褐灰色；嫩枝压扁，有浅沟，干后黑褐色。叶片卵形或倒卵形，长5～8.5cm，宽3～5.5cm，先端急短尖，有时钝或圆，基部阔楔形，上下两面干后暗褐色，有分散的肉眼能见的黑腺点，侧脉多而密，彼此相隔2～5mm，以65°～70°开角斜向上，离边缘3～4mm处结合成边脉，靠近边缘另有1条小边脉；叶柄长1.5～2cm。聚伞式的圆锥花序腋生及顶生，长5～7cm；花无梗，常3朵簇生；花蕾倒卵形，长6mm，先端圆；萼管倒圆锥形，长4mm，基部楔形，上部宽5mm，帽状体半圆形，长2.5～3mm；雄蕊长3～5mm；花柱长7～9mm。浆果近球形，直径1.5～2cm。花期7～8月。

分布：产于我国海南。

生境：生于中海拔森林谷地。

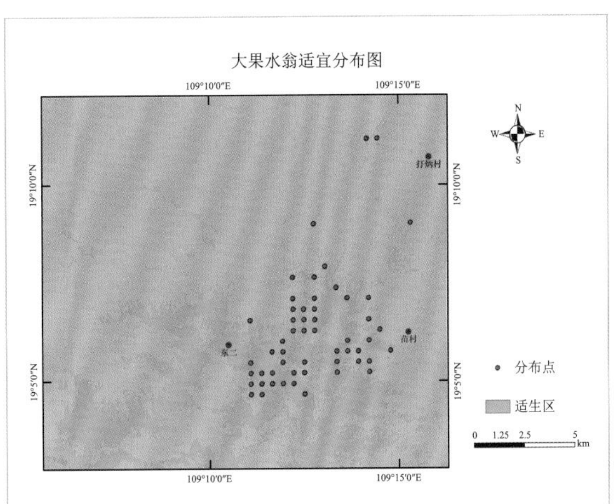

取食部位

取食月份

大果水翁	1	2	3	4	5	6	7	8	9	10	11	12

76 肖蒲桃 *Syzygium acuminatissimum*（Blume）Candolle

桃金娘科 Myrtaceae 蒲桃属 *Syzygium*

形态特征: 乔木，高 20m；嫩枝圆形或有钝棱。叶片革质，卵状披针形或狭披针形，长 5～12cm，宽 1～3.5cm，先端尾状渐尖，尾长 2cm，基部阔楔形，上面干后暗色，多油腺点，侧，脉多而密，彼此相隔 3mm，以，65°～70° 开角缓斜向上，在上面不明显，在下面能见，边脉离边缘 1.5mm；叶柄长 5～8mm。聚伞花序排成圆锥花序，长 3～6cm，顶生，花序轴有棱；花 3 朵聚生，有短柄；花蕾倒卵形，长 3～4mm，上部圆，下部楔形；萼管倒圆锥形，萼齿不明显，萼管上缘向内弯；花瓣小，长 1mm，白色；雄蕊极短。浆果球形，直径 1.5cm，成熟时黑紫色；种子 1 个。花期 7～10 月，果期 12 月至翌年 1 月。

分布: 产于我国海南、广东、广西等地。在中南半岛、马来西亚、印度、印度尼西亚、菲律宾等也有分布。

生境: 生于低海拔至中海拔林中。

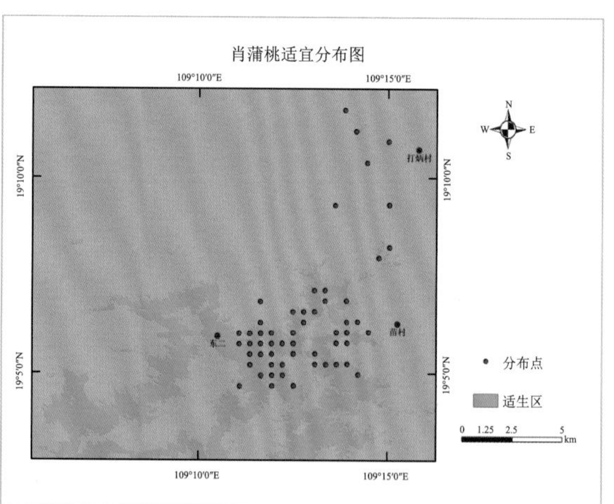

取食部位

取食月份

肖蒲桃	1	2	3	4	5	6	7	8	9	10	11	12

77 子楝树 *Decaspermum gracilentum*（Hance）Merr. et Perry

桃金娘科 Myrtaceae 子楝树属 *Decaspermum*

形态特征：灌木至小乔木；嫩枝被灰褐色或灰色柔毛，纤细，有钝棱。叶片纸质或薄革质，椭圆形，有时为长圆形或披针形，长 4 ~ 9cm，宽 2 ~ 3.5cm，先端急锐尖或渐尖，基部楔形，初时两面有柔毛，以后变无毛，上面干后变黑色，有光泽，下面黄绿色，有细小腺点，侧脉 10 ~ 13 对，不很明显，有时隐约可见；叶柄长 4 ~ 6mm。聚伞花序腋生，长约 2cm，有时为短小的圆锥状花序，总梗有紧贴柔毛；小苞片细小，锥状；花梗长 3 ~ 8mm，被毛；花白，3 数，萼管被灰毛，萼片卵形，长 1mm，先端圆，有睫毛；花瓣倒卵形，长 2 ~ 2.5mm，外面有微毛；雄蕊比花瓣略短。浆果直径约 4mm，有柔毛，有种子 3 ~ 5 颗。花期 3 ~ 5 月，果期 6 ~ 7 月。

分布：产于我国台湾、海南、广东、广西等地。在越南也有分布。

生境：常见于低海拔至中海拔的森林中。

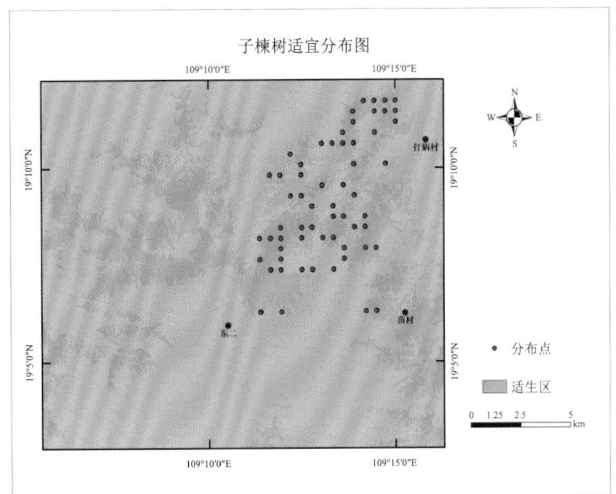

取食部位

取食月份

子楝树 1 2 3 4 5 **6** **7** 8 9 10 11 12

78 橄榄 *Canarium subulatum* Guill.

橄榄科 Burseraceae 橄榄属 *Canarium*

形态特征： 乔木，高 10 ～ 25（～ 35）m，胸径可达 150cm。小枝粗 5 ～ 6mm，幼部被黄棕色绒毛，很快变无毛；髓部周围有柱状维管束，稀在中央亦有若干维管束。有托叶，仅芽时存在，着生于近叶柄基部的枝干上。小叶 3 ～ 6 对，纸质至革质，披针形或椭圆形（至卵形），长 6 ～ 14cm，宽 2 ～ 5.5cm，无毛或在背面叶脉上散生了的刚毛，背面有极细小疣状突起；先端渐尖至骤狭渐尖，尖头长约 2cm，钝；基部楔形至圆形，偏斜，全缘；侧脉 12 ～ 16 对，中脉发达。花序腋生，微被绒毛至无毛；雄花序为聚伞圆锥花序，长 15 ～ 30cm，多花；雌花序为总状，长 3 ～ 6cm，具花 12 朵以下。花疏被绒毛至无毛，雄花长 5.5 ～ 8mm，雌花长约 7mm；花萼长 2.5 ～ 3mm，在雄花上具 3 浅齿，在雌花上近截平；雄蕊 6，无毛，花丝合生 1/2 以上（在雌花中几全长合生）；花盘在雄花中球形至圆柱形，高 1 ～ 1.5mm，微 6 裂，中央有穴或无，上部有少许刚毛；在雌花中环状，略具 3 波状齿，高 1mm，厚肉质，内面有疏柔毛。雌蕊密被短柔毛；在雄花中细小或缺。果序长 1.5 ～ 15cm，具 1 ～ 6 果。果萼扁平，直径 0.5cm，萼齿外弯。果卵圆形至纺锤形，横切面近圆形，长 2.5 ～ 3.5cm，无毛，成熟时黄绿色；外果皮厚，干时有皱纹；果核渐尖，横切面圆形至六角形，在钝的肋角和核盖之间有浅沟槽，核盖有稍凸起的中肋，外面浅波状；核盖厚 1.5 ～ 2（～ 3）mm。种子 1 ～ 2，不育室稍退化。花期 4 ～ 5 月，果 10 ～ 12 月成熟。

分布： 产于我国福建、台湾、广东、海南、广西、云南。

生境： 野生于海拔 1300m 以下的沟谷和山坡杂木林中，或栽培于庭园、村旁。

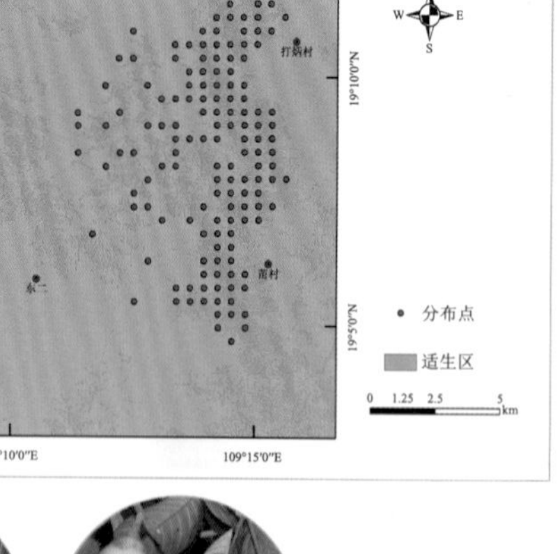

取食部位

取食月份

橄榄	1	2	3	4	5	6	7	8	9	10	11	12

79 乌榄 *Canarium pimela* Leenh.

橄榄科 Burseraceae 橄榄属 *Canarium*

形态特征：乔木，高达 20m，胸径达 45cm。小枝粗 10mm，干时紫褐色，髓部周围及中央有柱状维管束。无托叶。小叶 4 ～ 6 对，纸质至革质，无毛，宽椭圆形、卵形或圆形，稀长圆形，长 6 ～ 17cm，宽 2 ～ 7.5cm，顶端急渐尖，尖头短而钝；基部圆形或阔楔形，偏斜，全缘；侧脉（8 ～）11（～ 15）对，网脉明显。花序腋生，为疏散的聚伞圆锥花序（稀近总状花序），无毛；雄花序多花，雌花序少花。花几无毛，雄花长约 7mm，雌花长约 6mm。萼在雄花中长 2.5mm，明显浅裂，在雌花中长 3.5 ～ 4mm，浅裂或近截平；花瓣在雌花中长约 8mm。雄蕊 6，无毛（仅雄花花药有两排刚毛），在雄花中近 1/2、在雌花中 1/2 以上合生。花盘杯状，高 0.5 ～ 1mm，流苏状，边缘及内侧有刚毛，雄花中的肉质，中央有一凹穴；雌花中的薄，边缘有 6 个波状浅齿。雌蕊无毛，在雄花中不存在。果序长 8 ～ 35cm，有果 1 ～ 4 个；果具长柄（长约 2cm），果萼近扁平，直径 8 ～ 10mm，果成熟时紫黑色，狭卵圆形，长 3 ～ 4cm，直径 1.7 ～ 2cm，横切面圆形至不明显的三角形；外果皮较薄，干时有细皱纹。果核横切面近圆形，核盖厚约 3mm，平滑或在中间有 1 不明显的肋凸。种子 1 ～ 2 枚；不育室适度退化。花期 4 ～ 5 月，果期 5 ～ 11 月。

分布：产于我国广东、广西、海南、云南。在越南、老挝、柬埔寨也有分布。各地常栽培。

生境：生于海拔 1280m 以下的杂木林内。

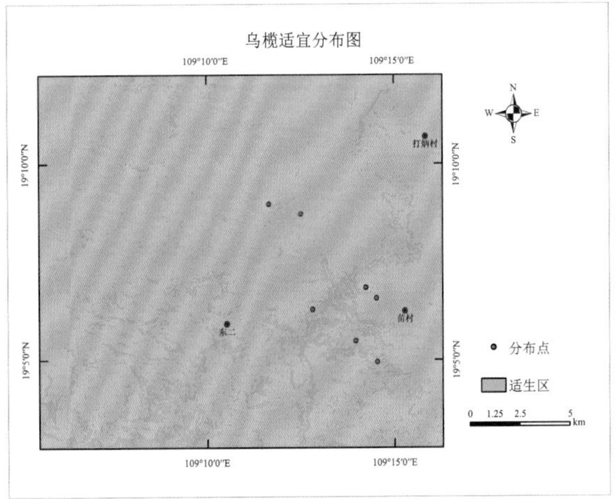

取食部位

取食月份

乌榄	1	2	3	4	5	6	7	8	9	10	11	12

80 岭南酸枣 *Allospondias lakonensis*（Pierre）Stapf

漆树科 Anacardiaceae 岭南酸枣属 *Allospondias*

形态特征： 落叶乔木，高 7 ～ 10m，除花序及幼叶有柔毛外全体无毛。单数羽状复叶，长 30 ～ 45cm，互生；小叶 11 ～ 23，近对生或互生，具短柄，膜质至纸质，长 6 ～ 10cm，宽 1.5 ～ 3cm，边全缘。圆锥花序生于上部叶腋内，长 15 ～ 25cm；花小，杂性同株；花梗细弱，长 2 ～ 3mm；花萼长约 0.5mm，5 裂；花瓣 5，乳白色，长卵形，长约 2mm；雄蕊 8 ～ 10，着生于环状的花盘下；子房 4 ～ 5 室，柱头短匙形。核果肉质，近球形，直径约 8mm，熟时红色。

分布： 产于我国广东、海南、福建。在越南至泰国也有分布。

生境： 喜阳光，多生于疏林、溪旁。

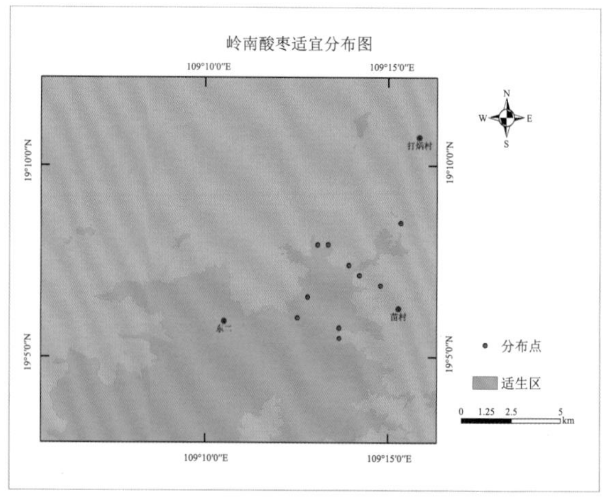

取食部位

取食月份

岭南酸枣	1	2	3	4	5	6	7	8	9	10	11	12

81 南酸枣 *Choerospondias axillaris*（Roxb.）B. L. Burtt & A. W. Hill

漆树科 Anacardiaceae 南酸枣属 *Choerospondias*

形态特征： 落叶乔木，高 8 ～ 20m；树皮灰褐色，片状剥落，小枝粗壮，暗紫褐色，无毛，具皮孔。奇数羽状复叶长 25 ～ 40cm，有小叶 3 ～ 6 对，叶轴无毛，叶柄纤细，基部略膨大；小叶膜质至纸质，卵形或卵状披针形或卵状长圆形，长 4 ～ 12cm，宽 2 ～ 4.5cm，先端长渐尖，基部多少偏斜，阔楔形或近圆形，全缘或幼株叶边缘具粗锯齿，两面无毛或稀叶背脉腋被毛，侧脉 8 ～ 10 对，两面突起，网脉细，不显；小叶柄纤细，长 2 ～ 5mm。雄花序长 4 ～ 10cm，被微柔毛或近无毛；苞片小；花萼外面疏被白色微柔毛或近无毛，裂片三角状卵形或阔三角形，先端钝圆，长约 1mm，边缘具紫红色腺状睫毛，里面被白色微柔毛；花瓣长圆形，长 2.5 ～ 3mm，无毛，具褐色脉纹，开花时外卷；雄蕊 10，与花瓣近等长，花丝线形，长约 1.5mm，无毛，花药长圆形，长约 1mm，花盘无毛；雄花无不育雌蕊；雌花单生于上部叶腋，较大；子房卵圆形，长约 1.5mm，无毛，5 室，花柱长约 0.5mm。核果椭圆形或倒卵状椭圆形，成熟时黄色，长 2.5 ～ 3cm，径约 2cm，果核长 2 ～ 2.5cm，径 1.2 ～ 1.5cm，顶端具 5 个小孔。果期 8 ～ 10 月。

分布： 产于我国西藏、云南、贵州、广西、广东、海南、湖南、湖北、江西、福建、浙江、安徽。在印度、中南半岛和日本也有分布。

生境： 生于海拔 300 ～ 2000m 的山坡、丘陵或沟谷林中。

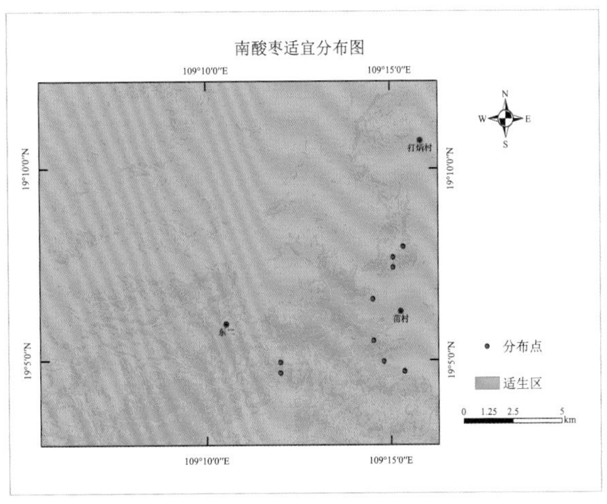

取食部位

取食月份

南酸枣	1	2	3	4	5	6	7	8	9	10	11	12

82 荔枝 *Litchi chinensis* Sonn.

无患子科 Sapindaceae 荔枝属 *Litchi*

形态特征：常绿乔木，高通常不超过 10m，有时可达 15m 或更高，树皮灰黑色；小枝圆柱状，褐红色，密生白色皮孔。叶连柄长 10 ～ 25cm 或过之；小叶 2 或 3 对，较少 4 对，薄革质或革质，披针形或卵状披针形，有时长椭圆状披针形，长 6 ～ 15cm，宽 2 ～ 4cm，顶端骤尖或尾状短渐尖，全缘，腹面深绿色，有光泽，背面粉绿色，两面无毛；侧脉常纤细，在腹面不很明显，在背面明显或稍凸起；小叶柄长 7 ～ 8mm。花序顶生，阔大，多分枝；花梗纤细，长 2 ～ 4mm，有时粗而短；萼被金黄色短绒毛；雄蕊 6 ～ 7，有时 8，花丝长约 4mm；子房密覆小瘤体和硬毛。果卵圆形至近球形，长 2 ～ 3.5cm，成熟时通常暗红色至鲜红色；种子全部被肉质假种皮包裹。花期春季，果期夏季。

分布：产于我国西南部、南部和东南部，尤以广东和福建南部栽培最盛。亚洲东南部也有栽培，非洲、美洲和大洋洲都有引种的记录。

生境：生于热带地区、温暖潮湿的土壤与空气环境。

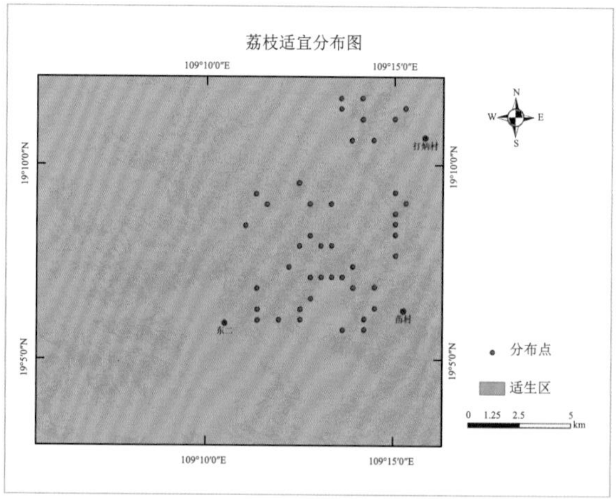

取食部位

取食月份

荔枝	1	2	3	4	5	6	7	8	9	10	11	12

赛木患 *Lepisanthes oligophylla* (Merrill & Chun) N. H. Xia & Gadek

无患子科 Sapindaceae 鳞花木属 *Lepisanthes*

形态特征： 常绿灌木或小乔木，高 4 ～ 10m；小枝有直纹，灰黄色，近无毛。叶连柄长 8 ～ 18cm，叶柄略扁；小叶 1 或 2 对，有时顶生的一对只有 1 片发育，因而只有 1 或 3 小叶，叶片薄革质或纸质，长圆状椭圆形或长椭圆形，长 6 ～ 14cm，宽 2 ～ 4.5cm，顶端短渐尖，钝头，基部楔形，全缘，上面稍有光泽，两面无毛；侧脉 12 ～ 15 对，末端网结；小叶柄长 5 ～ 8mm。花序顶生或近枝顶腋生，通常比叶短或与叶近等长，主轴略粗壮，上部被锈色短柔毛，分枝常短而柔弱；花梗纤细，长约 2mm；萼片近圆形，大的直径约 2mm，有缘毛；花瓣阔卵形，与萼片近等长，外面和边缘被疏柔毛；花盘不明显浅裂；雄蕊 8，花丝长约 3mm；子房倒卵形，2 浅裂，2 室，偶有 3 浅裂，3 室。果的发育果爿近球形或阔倒卵形，长 12 ～ 14mm，宽 10 ～ 12mm。花期春季，果期夏季。

分布： 我国特有，仅产海南东南部和南部。

生境： 常生密林中。

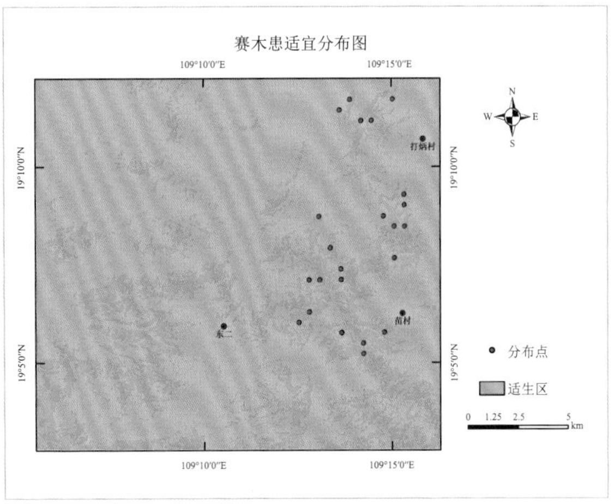

取食部位

取食月份

赛木患	1	2	3	4	5	6	7	8	9	10	11	12

84 罗浮槭（红翅槭）*Acer fabri* Hance

无患子科 Sapindaceae 槭属 *Acer*

形态特征： 常绿乔木，常高 10m。树皮灰褐色或灰黑色，小枝圆柱形，无毛，当年生枝紫绿色或绿色，多年生枝绿色或绿褐色。叶革质，披针形，长圆披针形或长圆倒披针形，长 7～11cm，宽 2～3cm，全缘，基部楔形或钝形，先端锐尖或短锐尖；上面深绿色，无毛，下面淡绿色，无毛或脉腋稀被丛毛；主脉在上面显著，在下面凸起，侧脉 4～5 对，在上面微现，在下面显著；叶柄长 1～1.5cm，细瘦，无毛。花杂性，雄花与两性花同株，常呈无毛或嫩时被绒毛的紫色伞房花序；萼片 5，紫色，微被短柔毛，长圆形，长 3mm；花瓣 5，白色，倒卵形，略短于萼片；雄蕊 8，无毛，长 5mm；子房无毛，花柱短，柱头平展翅果嫩时紫色，成熟时黄褐色或淡褐色；小坚果凸起，直径约 5mm；翅与小坚果长 3～3.4cm，宽 8～10mm，张开成钝角；果梗长 1～1.5cm，细瘦，无毛。花期 3～4 月，果期 9 月。

分布： 产于我国海南、广东、广西、江西、湖北、湖南、四川。本种模式标本采自广东罗浮山。

生境： 生于海拔 500～1800m 的疏林中。

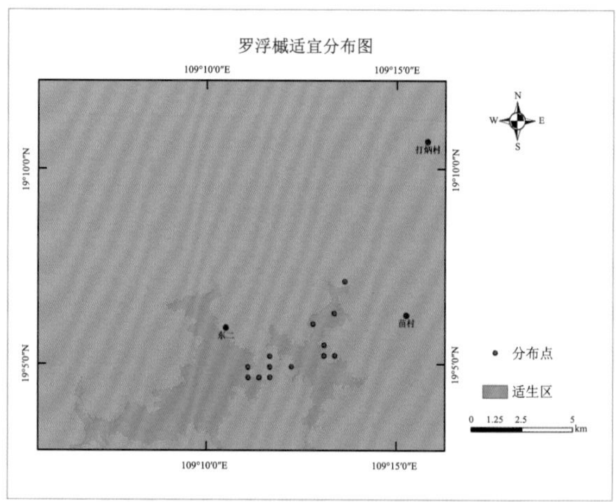

取食部位

取食月份

罗浮槭	1	2	3	4	5	6	7	8	9	10	11	12

海南韶子 *Nephelium topengii*（Merr.）H. S. Lo

无患子科 Sapindaceae　韶子属 *Nephelium*

形态特征：常绿乔木，高 5 ～ 20m；小枝干时红褐色，常被微柔毛。小叶 2 ～ 4 对，薄革质，长圆形或长圆状披针形，长 6 ～ 18cm，宽 2.5 ～ 7.5cm，顶端短尖，基部稍钝至阔楔形，全缘，背面粉绿色，被柔毛；侧脉 10 ～ 15 对，直而近平行；小叶柄长 5 ～ 8mm。花序近枝顶腋生，常比叶短，被金黄色短绒毛；花（仅几刚开放的雄花）无花瓣；萼裂片 5 ～ 7 三角状卵形，长约 0.5mm，花盘被硬毛，雄蕊 7 ～ 8，花丝长 1.5 ～ 2mm，中部以下被长柔毛。果椭圆形，红黄色，连刺长约 3cm，宽不超过 2cm，刺长 3.5 ～ 5mm。

分布：我国特产，是海南岛低海拔至中海拔地区森林中常见树种之一。

生境：生于林中。

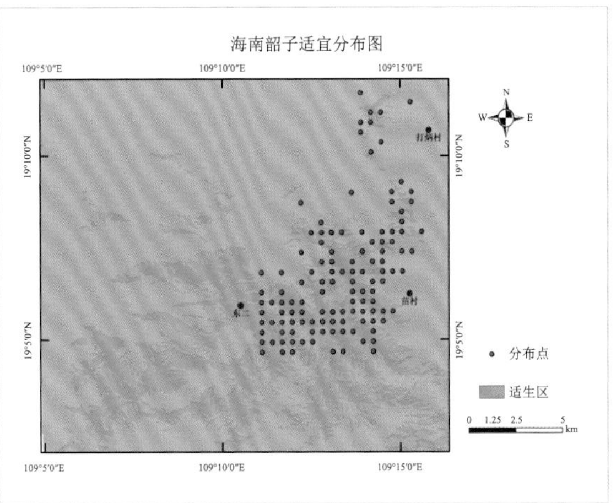

取食部位

取食月份

海南韶子	1	2	3	4	5	6	7	8	9	10	11	12

86 贡甲 *Maclurodendron oligophlebium* (Merrill) T. G. Hartley

芸香科 Rutaceae 贡甲属 *Maclurodendron*

形态特征：乔木，高达 14m。叶倒卵状长圆形或长椭圆形，长 7 ～ 18cm，宽 3.5 ～ 7cm，纸质，全缘；叶柄长 1 ～ 2cm，基部略增大呈枕状。花蕾近圆球形，花瓣阔卵形或三角状卵形，质地薄，内面无毛，很少被稀疏短伏毛；花通常单性，雄花的不育雌蕊近扁圆形，无毛，花柱甚短，柱头不增粗；雌花的退化雄蕊 8，有箭头状的花药但无花粉，花丝甚短，发育子房圆球形，无毛，花柱伸长，柱头略增大。成熟果与山油柑的无异。花果期与山油柑也大致相同。果期 8 ～ 12 月。

分布：产于我国海南。在越南东北部也有分布。本种模式标本采自海南五指山。

生境：为低丘陵坡地次生林常见树种。

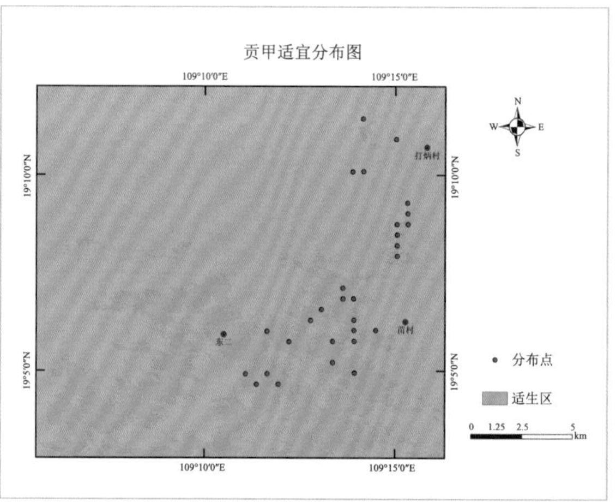

取食部位

取食月份

贡甲	1	2	3	4	5	6	7	8	9	10	11	12

87 山油柑 *Acronychia pedunculata*（L.）Miq.

芸香科 Rutaceae 山油柑属 *Acronychia*

形态特征： 树高 5 ～ 15m。树皮灰白色至灰黄色，平滑，不开裂，内皮淡黄色，剥开时有柑橘叶香气，当年生枝通常中空。叶有时呈略不整齐对生，单小叶。叶片椭圆形至长圆形，或倒卵形至倒卵状椭圆形，长 7 ～ 18cm，宽 3.5 ～ 7cm，或有较小的，全缘；叶柄长 1 ～ 2cm，基部略增大呈叶枕状。花两性，黄白色，径 1.2 ～ 1.6cm；花瓣狭长椭圆形，花开放初期，花瓣的两侧边缘及顶端略向内卷，盛花时则向背面反卷且略下垂，内面被毛、子房被疏或密毛，极少无毛。果序下垂，果淡黄色，半透明，近圆球形而略有棱角，径 1 ～ 1.5cm，顶部平坦，中央微凹陷，有 4 条浅沟纹，富含水分，味清甜，有小核 4 个，每核有 1 枚种子；种子倒卵形，长 4 ～ 5mm，厚 2 ～ 3mm，种皮褐黑色、骨质，胚乳小。花期 4 ～ 8 月，果期 8 ～ 12 月。

分布： 产于我国台湾、福建、广东、海南、广西、云南等地的南部。在菲律宾、越南、老挝、泰国、柬埔寨、缅甸、印度、斯里兰卡、马来西亚、印度尼西亚、巴布亚新几内亚也有分布。

生境： 生于较低丘陵坡地杂木林中，为次生林常见树种之一，有时成小片纯林，在海南，可分布至海拔 900m 山地密茂常绿阔叶林中。

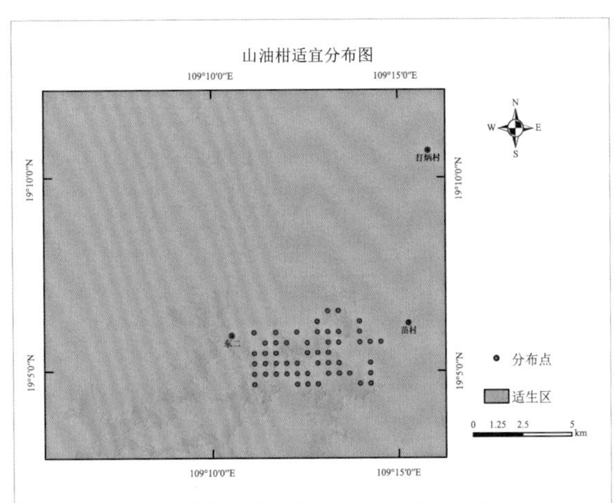

取食部位

取食月份

山油柑	1	2	3	4	5	6	7	8	9	10	11	12

88 海南破布叶 *Microcos chungii*（Merr.）Chun

锦葵科 Malvaceae 破布叶属 *Microcos*

形态特征： 乔木，高 5 ～ 15m；幼嫩枝条被棕黄色柔毛。叶近革质，长圆形或有时披针形，长 11 ～ 20cm，宽 3.5 ～ 6cm，顶端长渐尖，基部圆钝，全缘或上部有稀疏的小锯齿，上面无毛，下面初时有极稀疏的星状柔毛，后变秃净；叶柄长 1 ～ 1.5cm，被星状柔毛。花序顶生或腋生，花序柄及苞片均被棕黄色或灰黄色柔毛；花淡黄色；萼片 5 片，狭倒披针形，长 8 ～ 10mm，两面均被星状柔毛，外面更密；花瓣狭长圆形，长 3 ～ 4mm，外面被稀疏短柔毛，内面基部有被毛的厚腺体，长约为花瓣的 1/3；雄蕊多数；子房阔卵形，密被长柔毛，柱头锥状。核果梨形，长 12 ～ 22mm，宽 9 ～ 12mm，密被灰黄色星状短柔毛；果柄粗壮，被毛。花期夏秋季间，果期冬季。

分布： 产于我国海南。本种模式标本采自海南五指山脚下。

生境： 生于山地疏林或密林中。

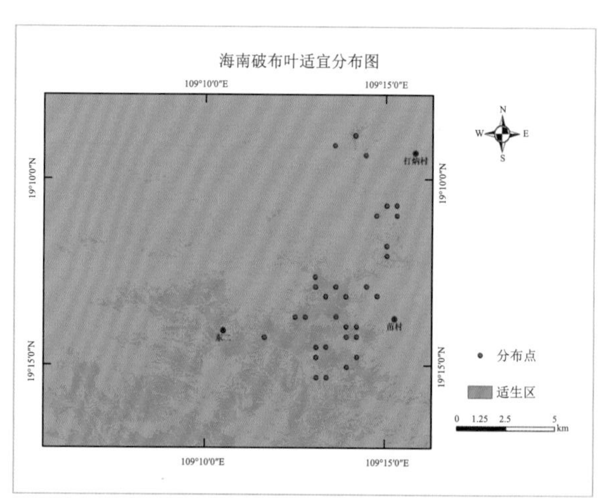

取食部位

取食月份

海南破布叶	1	2	3	4	5	6	7	8	9	10	11	12

89 海南梧桐 *Firmiana hainanensis* Kosterm.

锦葵科 Malvaceae 梧桐属 *Firmiana*

形态特征： 乔木，高达 16m，胸径达 45cm；树皮灰白色，枝条平滑。叶卵形，全缘，长 7 ～ 14cm，宽 5 ～ 12cm，顶端钝或急尖，基部截形或略呈浅心形，上面无毛，下面密被灰白色星状短柔毛，基生脉 5 条，中间的叶脉每边有侧脉 4 ～ 5 条；叶柄长 4 ～ 16cm，被稀疏的淡黄色星状短柔毛。圆锥花序顶生或腋生，长达 20cm，密被淡黄褐色星状短柔毛；花黄白色，萼片 5 枚，近于分离，条状披针形，长 9mm，宽 1.5mm，外面密被淡黄褐色星状短柔毛，内面只在基部有绵毛；雄花的雌雄蕊柄与萼等长，顶端 5 浅裂，花药 15 枚聚集在雌雄蕊柄顶端成头状；雌花的子房卵形，长 2.5mm，有 5 条纵沟，密被星状毛。蓇葖果卵形，长 7cm，宽 3cm，顶端急尖或微凹，略被单毛及星状短柔毛，每蓇葖有种子 3 ～ 5 枚；种子圆球形，成熟时黄褐色，直径约 6mm。花期 4 月。

分布： 产于我国海南昌江、琼中、琼海、嘉积。

生境： 喜生于沙质土上。

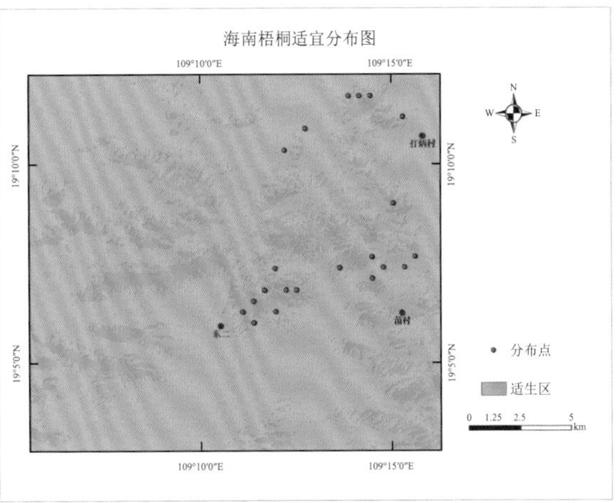

取食部位

取食月份

海南梧桐	1	2	3	4	5	6	7	8	9	10	11	12

90 木棉 *Bombax ceiba* Linnaeus

锦葵科 Malvaceae 木棉属 *Bombax*

形态特征：落叶大乔木，高可达 25m，树皮灰白色，幼树的树干通常有圆锥状的粗刺；分枝平展。掌状复叶，小叶 5～7 片，长圆形至长圆状披针形，长 10～16cm，宽 3.5～5.5cm，顶端渐尖，基部阔或渐狭，全缘，两面均无毛，羽状侧脉 15～17 对，上举，其间有 1 条较细的 2 级侧脉，网脉极细密，二面微凸起；叶柄长 10～20cm；小叶柄长 1.5～4cm；托叶小。花单生枝顶叶腋，通常红色，有时橙红色，直径约 10cm；萼杯状，长 2～3cm，外面无毛，内面密被淡黄色短绢毛，萼齿 3～5 个，半圆形，高 1.5cm，宽 2.3cm，花瓣肉质，倒卵状长圆形，长 8～10cm，宽 3～4cm，二面被星状柔毛，但内面较疏；雄蕊管短，花丝较粗，基部粗，向上渐细，内轮部分花丝上部分 2 叉，中间 10 枚雄蕊较短，不分叉，外轮雄蕊多数，集成 5 束，每束花丝 10 枚以上，较长；花柱长于雄蕊。蒴果长圆形，钝，长 10～15cm，粗 4.5～5cm，密被灰白色长柔毛和星状柔毛；种子多数，倒卵形，光滑。花期 3～4 月，果夏季成熟。

分布：产于我国云南、四川、贵州、广西、江西、广东、福建、台湾等的亚热带。在印度、斯里兰卡、中南半岛、马来西亚、印度尼西亚至菲律宾及澳大利亚北部都有分布。

生境：生于海拔 1400（1700）m 以下的干热河谷及稀树草原，也可生长在沟谷季雨林内，也有栽培作行道树的。本种在干热地区，花先叶开放；但在季雨林或雨林气候条件下，则有花叶同时存在的情况。

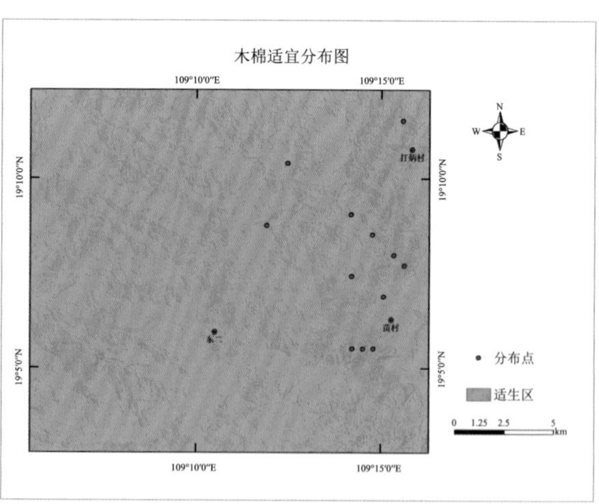

取食部位

取食月份

木棉	1	2	3	4	5	6	7	8	9	10	11	12

 91 牛眼睛 *Capparis zeylanica* L.

山柑科 Capparaceae 山柑属 *Capparis*

形态特征：攀援或蔓性灌木，高 2～5m。新生枝密被红褐色至浅灰色星状绒毛，迟早变无毛；刺强壮，尖利，外弯，长达 5mm。叶亚革质，形状多变，常为椭圆状披针形或倒卵状披针形，有时卵形、线形或戟形，长 3～8cm，宽 1.5～4cm，基部急尖或圆形，少有近心形，顶端急尖或圆形，少有微渐尖，常有 2～3mm 革质外弯的凸尖头，幼时两面密被淡灰色易脱落星状毛，表面立即变无毛，稍有光泽，背面较迟才变无毛，中脉在表面平坦或微凹，背面凸起，侧脉 3～7 对，纤细，网状脉两面明显；叶柄长 5～12mm。花（1～）2～3（4～）朵排成一短纵列，腋上生，在幼枝上常在叶前开放，形成多花而美丽的花枝；花梗稍粗壮，长 5～18mm，密被红褐色星状短绒毛，果时木质化增粗，直径达 3～5mm；萼片略不相等，长 8～11mm，宽 6～8mm，背面多少被红褐色绒毛，外轮内凹，近圆形，其中 1 个稍大，顶端急尖或钝形，内轮椭圆形；花瓣白色，长圆形，长 9～15mm，宽 5～7mm，无毛，上面 1 对基部中央有淡红色斑点；雄蕊 30～45，花丝幼时白色，后转浅红色或紫红色；雌蕊柄花期时基部被灰色绒毛，果期时无毛，长 3～4.5cm，直径 3～6mm；子房椭圆形，长 1.5～2mm，柱头明显，胎座 4，胚珠多数。果球形或椭圆形，直径 2.5～4cm，果皮干后坚硬，表面有细疣状凸起，成熟时红色或紫红色。种子多数，长 5～8mm，宽 4～6mm，种皮赤褐色。花期 2～4 月，果期 7 月以后。

分布：产于我国广东（雷州半岛）、广西（合浦）、海南。在斯里兰卡、印度经中南半岛至印度尼西亚及菲律宾都有分布。

生境：生于海拔 700m 以下林缘或灌丛，也见于石灰岩山坡或稀树草原。

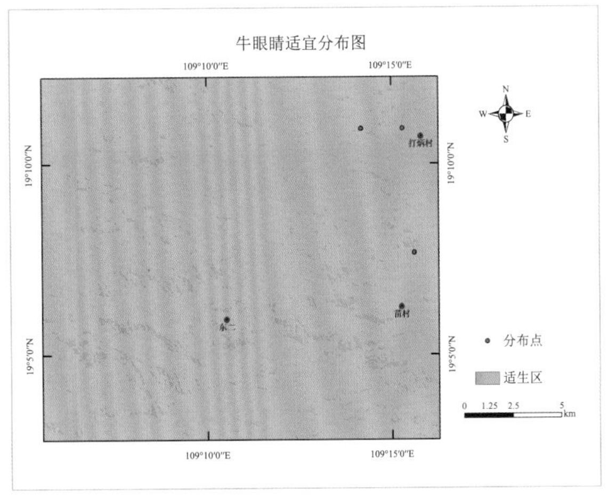

取食部位

取食月份

牛眼睛	1	2	3	4	5	6	7	8	9	10	11	12

92 寄生藤 *Dendrotrophe varians*（Blume）Miquel

檀香科 Santalaceae 寄生藤属 *Dendrotrophe*

形态特征：木质藤本，常呈灌木状；枝长 2 ~ 8m，深灰黑色，嫩时黄绿色，三棱形，扭曲。叶厚，多少软革质，倒卵形至阔椭圆形，长 3 ~ 7cm，宽 2 ~ 4.5cm，顶端圆钝，有短尖，基部收狭而下延成叶柄，基出脉3条，侧脉大致沿边缘内侧分出，干后明显；叶柄长0.5 ~ 1cm，扁平。花通常单性，雌雄异株；雄花球形，长约 2mm，5 ~ 6 朵集成聚伞状花序；小苞片近离生，偶呈总苞状；花梗长约 1.5mm；花被 5 裂，裂片三角形，在雄蕊背后有疏毛一撮，花药室圆形；花盘 5 裂；雌花或两性花：通常单生；雌花短圆柱状，花柱短小，柱头不分裂，锥尖形；两性花，卵形。核果卵状或卵圆形，带红色，长 1 ~ 1.2cm，顶端有内拱形宿存花被，成熟时棕黄色至红褐色。花期 1 ~ 3 月，果期 6 ~ 8 月。

分布：产于我国福建、海南、广东、广西、云南。

生境：生于海拔 100 ~ 300m 山地灌丛中，常攀援于树上。

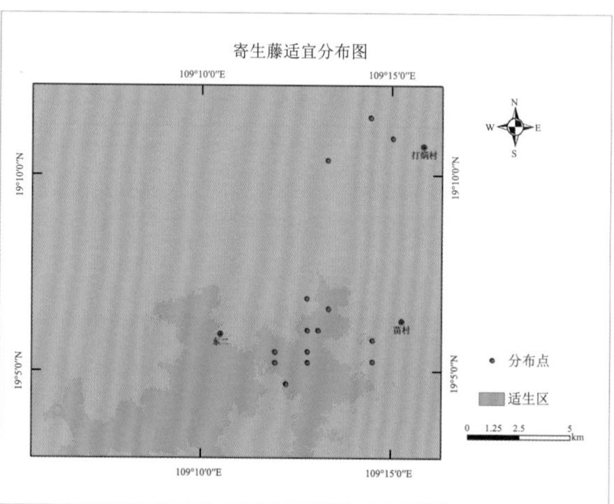

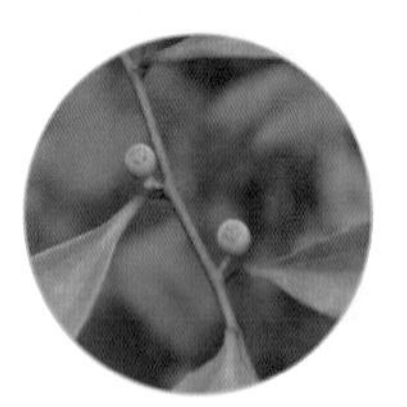

取食部位

取食月份

寄生藤	1	2	3	4	5	6	7	8	9	10	11	12

93 土坛树（割舌罗）*Alangium salviifolium*（L. f.）Wanger.

山茱萸科 Cornaceae 八角枫属 *Alangium*

形态特征： 落叶乔木或灌木，常直立，高约 8m，稀攀援状；树皮褐色或灰褐色，平滑；小枝近圆柱形，幼时无毛或有微柔毛，渐老时紫褐色或黄褐色，无毛；有显著的圆形皮孔，有时具刺；冬芽锥状，生于叶腋，常包藏于叶柄的基部内。叶厚纸质或近革质，倒卵状椭圆形或倒卵状矩圆形，顶端急尖而稍钝，基部阔楔形或近圆形，全缘，长 7 ~ 13cm，宽 3 ~ 6cm，幼叶长 3 ~ 6cm，宽 1.5 ~ 2.5cm，上面绿色，无毛，下面淡绿色，除脉腋被丛毛外其余部分无毛或幼时下面有微柔毛，渐老时无毛，主脉和 5 ~ 6 对侧脉（有时基部的一对侧脉稍长）均在上面微显著，在下面凸起；叶柄长 5 ~ 15mm，上面浅沟状，下面圆形，无毛，或有稀疏的黄色疏柔毛。聚伞花序 3 ~ 8 生于叶腋，常花叶同时开放，有淡黄色疏柔毛；总花梗长 5 ~ 8mm，花梗长 7 ~ 10mm，小苞片 3，狭窄卵形或矩圆状卵形；花白色至黄色，有浓香味；花萼裂片阔三角形，长达 2mm，两面均有柔毛；雄蕊 20 ~ 30，花丝纤细，长 6 ~ 8mm，基部以上有长柔毛，花药长 8 ~ 12mm，药隔无毛；花盘肉质；子房 1 室，花柱倒圆锥状，长 2cm，无毛；柱头头状，微 4 ~ 5 裂。核果卵圆形或椭圆形，长 1.5cm，宽 0.9 ~ 1.2cm，幼时绿色，成熟时由红色至黑色，顶端有宿存的萼齿。花期 2 ~ 4 月，果期 4 ~ 7 月。

分布： 产于我国海南、广东及广西南部沿海地区。在越南、老挝、泰国、马来西亚、印度尼西亚、菲律宾、尼泊尔、印度、斯里兰卡和非洲东南部也有分布。

生境： 生于海拔 1200m 以下的疏林中。

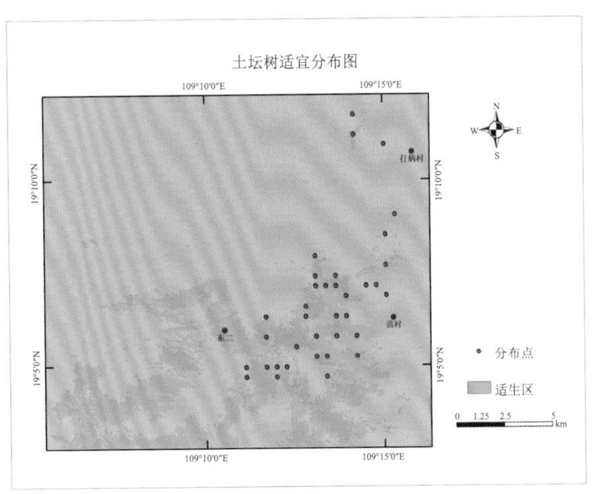

取食月份

土坛树	1	2	3	4	5	6	7	8	9	10	11	12

94 山楝 *Aglaia elaeagnoidea*（A. Jussieu）Bentham

楝科 Meliaceae 米仔兰属 *Aglaia*

形态特征： 中等常绿乔木，胸径达 30cm；树皮赤褐色，薄，剥落；小枝、叶柄、叶轴和花序均密被银色或淡黄色星状鳞片。小叶 7 ～ 11 枚，薄革质，对生，倒卵形或倒卵状椭圆形，长 4 ～ 8cm，宽 1.5 ～ 3cm，先端钝或圆形，基部楔形，叶面密被银色鳞片，背面密被淡黄色鳞片，叶面中脉稍下凹，背面中脉凸起，侧脉每边 5 ～ 6 条，极纤细，两面均不明显；小叶柄长 5 ～ 10mm。圆锥花序腋生，长约 15cm，密被黄褐色鳞片；花直径约 2mm；花萼 5 裂，裂片近圆形，外面被淡黄色鳞片；花瓣 5，长圆形，覆瓦状排列，长约 1.2mm，宽约 1mm，凹陷，先端圆形，外面被淡黄色鳞片；雄蕊管球形，顶端 5 浅裂，花药 5；子房卵形。浆果球形，直径 1 ～ 1.4cm，被稀疏的鳞片或无。花期 9 月，果期 7 ～ 12 月。

分布： 产于我国台湾、海南等。在菲律宾也有分布。

生境： 生于我国南部或东南部的沿海地区和岛屿。

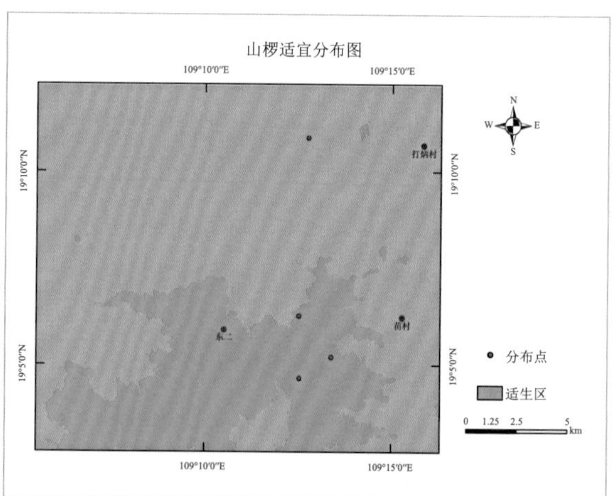

取食部位

取食月份

山楝	1	2	3	4	5	6	7	8	9	10	11	12

95 曲梗崖摩（红椤）
Aglaia spectabilis（Miquel）S. S. Jain & Bennet

楝科 Meliaceae 米仔兰属 *Aglaia*

形态特征：乔木，高达 18m。叶互生；叶柄和轴长约 35cm；叶柄无毛，背面圆形，正面具浅凹槽；小叶 11cm，对生；小叶柄 1 ～ 1.5cm，厚，正面具槽和星状鳞片；小叶叶片长圆状椭圆形，两面多少无毛，次脉在中脉两边各 14 ～ 16cm，在背面显著突出，在正面背腹扁平，背面网状脉近突出，基部截形到圆形，边缘反折，先端渐尖。聚伞圆锥花序腋生，20 ～ 25cm，具星状鳞片，枝粗、通常倒生。花芽卵球形，长约 6mm。花梗 2 ～ 4mm，先端具节。花萼 3 裂；裂片宽三角形，外面具星状鳞片。花瓣 3，卵形，5 ～ 6mm，外面密被星状鳞片，里面凹、无毛。雄蕊管瓶形，长约 3mm，无毛，顶缘 10 裂；花药 10，线形到长圆形，内藏。子房卵球形，3 室，密被淡黄短柔毛；柱头三棱到圆锥状，基部具槽，先端具 3 牙齿。果开裂，倒卵球形到梨形，3 室，每室具 1 种子，具短柔毛，疏生星状鳞片；柄直径达 4mm。花期 9 ～ 11 月，果期 10 月。

分布：产于我国云南南部（西双版纳）和东南部（西畴）。在不丹、柬埔寨、印度、印度尼西亚、老挝、马来西亚、缅甸、巴布亚新几内亚、菲律宾、泰国、越南、澳大利亚东北、太平洋群岛也有分布。

生境：生于密林中；海拔 900 ～ 1800m。

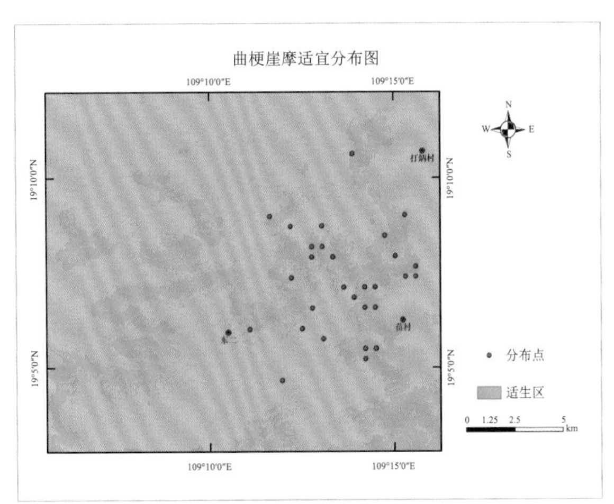

取食部位

取食月份

曲梗崖摩	1	2	3	4	5	6	7	8	9	10	11	12

96 鹧鸪花 *Heynea trijuga* Roxb.

楝科 Meliaceae 鹧鸪花属 *Heynea*

形态特征： 乔木，高可达 10m，枝无毛，干后变黑色，有少数黄色皮孔。叶为奇数羽状复叶，互生，连叶柄长 8～25cm，无毛，小叶 5～9 片，对生，纸质，披针形或卵状长圆形，长 5～13（～17）cm，宽 1.5～4（～6）cm，顶端渐尖至尾尖，基部常偏斜或楔形，两面无毛或下面有时疏被柔毛；侧脉每边 8～12 条；小叶柄长 5～15（～20）mm，在叶轴着生处形成明显的节。圆锥花序长 10～20cm，少有长达 30cm，花萼 4～5 齿裂，裂齿近三角形；花瓣 4～5 片，长圆形；雄蕊管 10 深裂，每裂片顶端具 2 尖齿；花药 10 枚或有时 8 枚，与裂齿互生且稍短于裂齿；子房近球形，无毛；柱头顶端 2 裂。蒴果近球形，直径约 1cm。花果期几乎全年。

分布： 产于我国广东、海南、广西、四川、贵州和云南等地。在越南也有分布。

生境： 生于中海拔以下山地密林或疏林中。

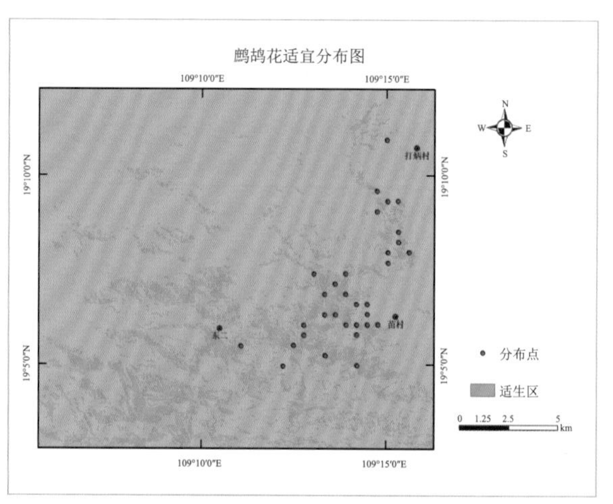

取食部位

取食月份

鹧鸪花	1	2	3	4	5	6	7	8	9	10	11	12

97 隐脉红淡比 *Cleyera obscurinervia* (Merrill & Chun) Hung T. Chang

五列木科 Pentaphylacaceae 红淡比属 *Cleyera*

形态特征： 乔木 6 ～ 15m 高。当年小枝红棕色，无毛，树皮淡灰棕色，平滑；顶芽长圆锥形，1 ～ 2cm。叶柄 1 ～ 1.5cm，无毛；叶片长圆状椭圆形，长 7 ～ 9cm，宽 2 ～ 3.5cm，厚革质，背面的苍绿色和红棕色具腺点，正面深绿色和发亮，两面无毛，中脉背面隆起和正面水平，次脉在中脉两边各 12 ～ 15 和两面不明显，基部楔形，边缘疏生钝锯齿对有细锯齿，腋生的花，单生或成对。花梗 1 ～ 1.5cm，无毛。小苞片早落，小。近圆形的萼片，约 4mm，外面无毛，边缘具短缘毛。花瓣白色，长圆状倒卵形对倒卵形，约 6mm。雄蕊多数，短于花瓣。子房无毛，室 2 或 3 的具超过 10 胚珠每室；花柱长约 4mm，顶部 3 浅裂。果长卵球形，长 10 ～ 12mm，宽约 7mm，2 室的具超过 10 种子每室，先端渐尖。种子棕色，扁球状，发亮，直径约 2mm。花期 5 ～ 6 月，果期 9 ～ 10 月。

分布： 产于我国广西南部、海南。

生境： 生于山谷或山坡的密林，海拔约 1300 ～ 3200m。

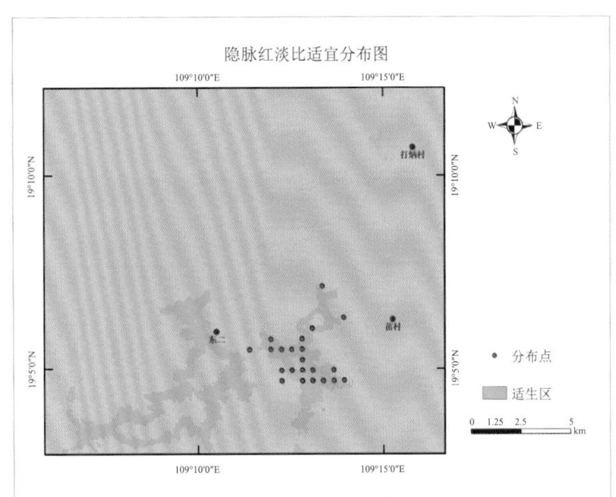

取食部位

取食月份

隐脉红淡比	1	2	3	4	5	6	7	8	9	10	11	12

98 岗柃 *Eurya groffii* Merr.

五列木科 Pentaphylacaceae 柃属 *Eurya*

形态特征：灌木或小乔木，高 2 ～ 7m，有时可达 10m；树皮灰褐色或褐黑色，平滑；嫩枝圆柱形，密被黄褐色披散柔毛，小枝红褐色或灰褐色，被短柔毛或几无毛；顶芽披针形，密被黄褐色柔毛。叶革质或薄革质，披针形或披针状长圆形，长 4.5 ～ 10cm，宽 1.5 ～ 2.2cm，顶端渐尖或长渐尖，基部钝或近楔形，边缘密生细锯齿，上面暗绿色，稍有光泽，无毛，下面黄绿色，密被贴伏短柔毛，中脉在上面凹下，下面凸起，侧脉 10 ～ 14 对，在上面不明显，偶有稍凹下，在下面通常纤细而隆起；叶柄极短，长约 1mm，密被柔毛。花 1 ～ 9 朵簇生于叶腋，花梗长 1 ～ 1.5mm，密被短柔毛。雄花：小苞片 2，卵圆形；萼片 5，革质，干后褐色，卵形，长 1.5 ～ 2mm，顶端钝，并有小突尖，外面密被黄褐色短柔毛；花瓣 5，白色，长圆形或倒卵状长圆形，长约 3.5mm；雄蕊约 20 枚，花药不具分格，退化子房无毛。雌花的小苞片和萼片与雄花同，但较小；花瓣 5，长圆状披针形，长约 2.5mm；子房卵圆形，3 室，无毛，花柱长 2 ～ 2.5mm，3 裂或 3 深裂几达基部。果实圆球形，直径约 4mm，成熟时黑色；种子稍扁，圆肾形，深褐色，有光泽，表面具密网纹。花期 9 ～ 11 月，果期翌年 4 ～ 6 月。
分布：产于我国福建西南部（南靖、龙岩）、广东、海南（东方尖峰岭）、广西、四川中部（叙永、乐山）、重庆、贵州（安龙、册亨、赤水、罗甸、荔波、独山、望谟、兴仁、兴义）及云南等地。
生境：多生于海拔 300 ～ 2700m 的山坡路旁林中、林缘及山地灌丛中。

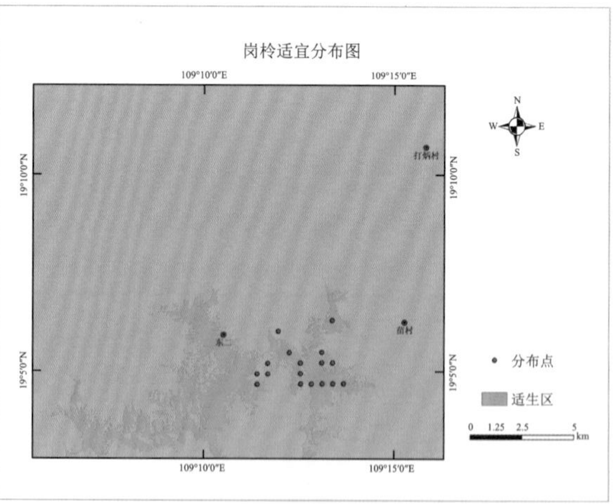

取食部位

取食月份

岗柃	1	2	3	4	5	6	7	8	9	10	11	12

99 华南毛柃 *Eurya ciliata* Merr.

五列木科 Pentaphylacaceae 柃属 *Eurya*

形态特征：灌木或小乔木，高 3 ～ 10m，胸径约 25cm；枝圆筒形，新枝黄褐色，密被黄褐色披散柔毛，小枝灰褐色或暗褐色，无毛或几无毛；顶芽长锥形，被披散柔毛。叶坚纸质，披针形或长圆状披针形，长 5 ～ 8（～ 11）cm，宽 1.2 ～ 2.4cm，顶端渐尖，基部两侧稍偏斜，略呈斜心形，边全缘，偶有细锯齿，干后稍反卷，上面亮绿色，有光泽，无毛，下面淡绿色，被贴伏柔毛，中脉上更密，中脉在上面凹陷，下面凸起，侧脉 10 ～ 14 对，在离叶缘处联结，上面不明或稍明显而凹下，下面明显凸起；叶柄极短。花 1 ～ 3 朵簇生于叶腋，花梗长约 1mm，被柔毛。雄花：小苞片 2，卵形，顶端尖，被柔毛；萼片 5，阔卵圆形，革质，长 2 ～ 2.5mm，顶端圆或钝，外面密被柔毛；花瓣 5，长圆形，长 4 ～ 4.5mm；雄蕊 22 ～ 28，花药具 5 ～ 8 分格；退化子房密被柔毛。雌花：小苞片、萼片、花瓣与雄花同，但略小；子房圆球形，密被柔毛，5 室，花柱 4 ～ 5 枚，长约 4mm，离生。果实圆球形，具短梗，被柔毛，直径 5 ～ 6mm，密被柔毛，萼及花柱均宿存；种子多数，圆肾形，褐色，有光泽，表面密被网纹。花期 10 ～ 11 月，果期翌年 4 ～ 5 月。

分布：产于我国海南（乐东、保亭、崖州、陵水、五指山、琼海、毛祥山、白沙、东方）、广东、广西（容县、贺州、金秀、融水、武鸣、龙州）、贵州（荔波）、云南（屏边、河口、蒙自）等地。

生境：多生于海拔 100 ～ 1300m 的山坡林下或沟谷溪旁密林中。

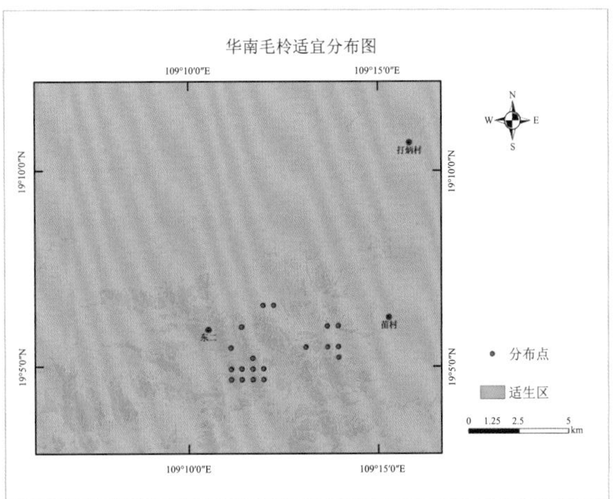

取食部位

取食月份

华南毛柃	1	2	3	4	5	6	7	8	9	10	11	12

100 细齿叶柃 *Eurya nitida* Korthals

五列木科 Pentaphylacaceae 柃属 *Eurya*

形态特征： 灌木或小乔木，高 2 ～ 5m，全株无毛；树皮灰褐色或深褐色，平滑；嫩枝稍纤细，具 2 棱，黄绿色，小枝灰褐色或褐色，有时具 2 棱；顶芽线状披针形，长达 1cm，无毛。叶薄革质，椭圆形、长圆状椭圆形或倒卵状长圆形，长 4 ～ 6cm，宽 1.5 ～ 2.5cm，顶端渐尖或短渐尖，尖头钝，基部楔形，有时近圆形，边缘密生锯齿或细钝齿，上面深绿色，有光泽，下面淡绿色，两面无毛，中脉在上面稍凹下，下面凸起，侧脉 9 ～ 12 对，在上面不明显，下面稍明显；叶柄长约 3mm。花 1 ～ 4 朵簇生于叶腋，花梗较纤细，长约 3mm。雄花：小苞片 2，萼片状，近圆形，长约 1mm，无毛；萼片 5，几膜质，近圆形，长 1.5 ～ 2mm，顶端圆，无毛；花瓣 5，白色，倒卵形，长 3.5 ～ 4mm，基部稍合生；雄蕊 14 ～ 17，花药不具分格，退化子房无毛。雌花的小苞片和萼片与雄花同；花瓣 5，长圆形，长 2 ～ 2.5mm，基部稍合生；子房卵圆形，无毛，花柱细长，长约 3mm，顶端 3 浅裂。果实圆球形，直径 3 ～ 4mm，成熟时蓝黑色；种子肾形或圆肾形，亮褐色，表面具细蜂窝状网纹。花期 11 月至翌年 1 月，果期翌年 7 ～ 9 月。

分布： 广泛分布于我国浙江东南部、江西南部、福建、湖北西南部、湖南南部、广东、海南、广西东部、四川中部和东部、重庆、贵州等地。在越南、缅甸、斯里兰卡、印度、菲律宾及印度尼西亚等地也有分布。

生境： 多生于海拔 1300m 以下的山地林中、沟谷溪边林缘及山坡路旁灌丛中。

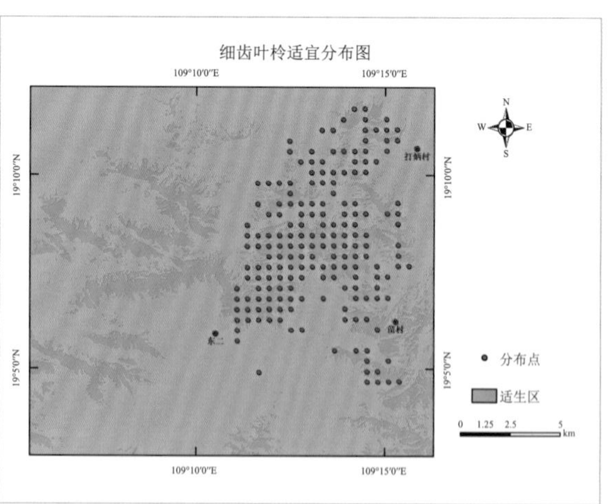

取食部位

取食月份

细齿叶柃	1	2	3	4	5	6	7	8	9	10	11	12

101 海南杨桐 *Adinandra hainanensis* Hayata

五列木科 Pentaphylacaceae 杨桐属 *Adinandra*

形态特征： 灌木或乔木，高 5 ～ 10（～ 25）m，胸径 10 ～ 30（～ 50）cm，树皮深褐色或灰褐色；枝圆筒形，小枝褐色或灰褐色，无毛，一年生新枝红褐色，连同顶芽密被黄褐色平伏短柔毛。叶互生，革质，长圆状椭圆形至长圆状倒卵形，长 6 ～ 8（～ 13）cm，宽 2 ～ 3（～ 6）cm，顶端短渐尖或尖，基部楔形或狭楔形，边缘有细锯齿，上面亮绿色，有光泽，下面淡绿色，初时被平伏短柔毛，后则脱落变无毛，密被红褐色腺点；侧脉 10 ～ 13 对，两面明显，网脉两面也较明显；叶柄长 5 ～ 10mm，被短柔毛。花单朵，稀 2 朵腋生，花梗长 7 ～ 10mm，较粗壮，或有时长达 20mm 而较细瘦，通常下垂，密被灰褐色平伏短柔毛，或老时变近无毛；小苞片 2，早落，卵形，长约 3mm，宽约 1.5mm，外面被平伏短柔毛；萼片 5，卵圆形，长 6 ～ 10mm，宽 6 ～ 7mm，顶端略尖，有时近圆形，外面密被灰褐色平伏绢毛，外层萼片边缘常具暗红色腺点，内层的膜质，边近全缘；花瓣 5，白色，长圆形或长圆状椭圆形，长 7 ～ 9mm，宽 3 ～ 5mm，顶端钝，外面中间部分密被黄褐色平伏绢毛；雄蕊 30 ～ 35，长 5.5 ～ 7mm，花丝长 3 ～ 4mm，无毛，仅基部连合，着生于花冠基部，花药线形，长 2 ～ 3mm，有丝毛，顶端有小尖头；子房卵圆形，密被灰褐色绢毛，5 室，胚珠每室多数，花柱单一，长 5 ～ 7mm，密被绢毛。果圆球形，熟时紫黑色，直径 1 ～ 1.5cm，被毛，果梗长 1 ～ 2cm，疏被毛或几无毛；种子多数，扁肾形，亮褐色，表面具网纹。花期 5 ～ 6 月，果期 9 ～ 10 月。

分布： 产于我国广东西南部、海南及广西南部。在越南也有分布。

生境： 生于山地阳坡林中或沟谷路旁林缘及灌丛中，海拔约 1000m，有时可上达 1800m。

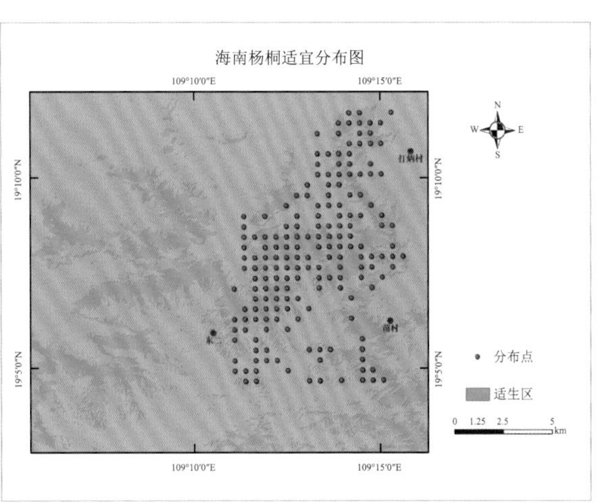

取食部位

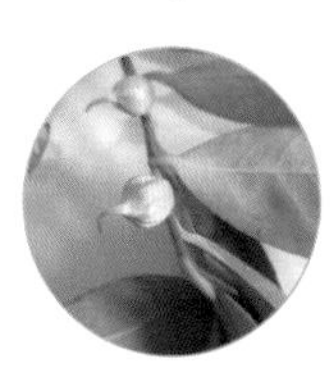

取食月份

海南杨桐	1	2	3	4	5	6	7	8	9	10	11	12

102 肉实树 *Sarcosperma laurinum*（Benth.）Hook. f.

山榄科 Sapotaceae 肉实树属 *Sarcosperma*

形态特征： 乔木，高 6 ～ 15（26）m，胸径 6 ～ 20cm；树皮灰褐色，薄，约 2 ～ 3mm，近平滑，板根显著；小枝具棱，无毛。托叶钻形，长 2 ～ 3mm，早落。叶于小枝上不规则排列，大多互生，也有对生的，枝顶的则通常轮生，近革质，通常倒卵形或倒披针形，稀狭椭圆形，长 7 ～ 16（19）cm，宽 3 ～ 6cm，先端通常骤然急尖，有时钝至钝渐尖，基部楔形，上面深绿色，具光泽，下面淡绿色，两面无毛，中脉在上面平坦，下面凸起，侧脉 6 ～ 9 对，弧曲上升，末端不联结；叶柄长 1 ～ 2cm，上面具小沟，无叶耳。总状花序或为圆锥花序腋生，长 2 ～ 13cm，无毛；花芳香，单生或 2 ～ 3 朵簇生于花序轴上，花梗长 1 ～ 5mm，被黄褐色绒毛；每朵花具 1 ～ 3 枚小苞片，小苞片卵形，长约 1mm，被黄褐色绒毛；花萼长 2 ～ 3mm，裂片阔卵形或近圆形，长 1 ～ 1.5mm，外面被黄褐色绒毛，内面无毛；花冠绿色转淡黄色，冠管长约 1mm，花冠裂片阔倒卵形或近圆形，长 2 ～ 2.5mm；能育雄蕊着生于冠管喉部，并与花冠裂片对生，花丝极短，花药卵形，长不到 1mm；退化雄蕊着生于冠管喉部，并与花冠裂片互生，钻形，较雄蕊长；子房卵球形，长约 1 ～ 1.5mm，1 室，无毛，花柱粗，长约 1mm。核果长圆形或椭圆形，长 1.5 ～ 2.5cm，宽 0.8 ～ 1cm，由绿至红至紫红转黑色，基部具外反的宿萼，果皮极薄，种子 1 枚，长约 1.7cm，宽约 0.8cm。花期 8 ～ 9 月，果期 12 月翌年 1 月。

分布： 产于我国浙江、福建、广东、海南、广西等地。在越南北部也有分布。

生境： 生于海拔 400 ～ 500m 的山谷或溪边林中。

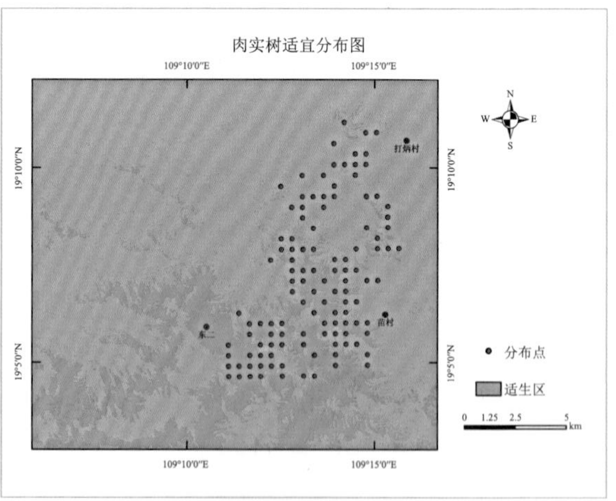

取食部位

取食月份

肉实树	1	2	3	4	5	6	7	8	9	10	11	12

103 桃榄 *Pouteria annamensis*（Pierre）Baehni

山榄科 Sapotaceae 桃榄属 *Pouteria*

形态特征：大乔木，高（10）15～20m；树皮灰色；小枝圆柱形，无毛，顶部被微红褐色柔毛，老枝上常有似疣状突起的花束总花梗的残迹。叶散生于延长的小枝上，纸质或近革质，幼时披针形，成熟时长圆状倒卵形或长椭圆状披针形，长 6～17cm，宽 2～5cm，先端圆或钝，稀微凹，幼时急尖，基部楔形下延，边缘微波状，幼时两面密被微红褐色柔毛，后变无毛，干时上面橄榄色，具光泽，下面色较浅，中脉在表面平坦或微凸起，下面凸起，侧脉 5～9（11）对，呈 50°～60° 弧形上升，疏离，网脉通常明显；叶柄长 1.5～3.5（4.5）cm，上面平坦至微凸，下面圆形，无毛。花小，通常 1～3 朵簇生叶腋，有极短的总梗；花梗长 1～3mm，被锈色短柔毛。花萼裂片圆形，长 2～2.5mm，先端圆至钝，外面被锈色短柔毛，边缘微波状；花冠白色，冠管阔圆筒状，长 2～2.5mm，裂片圆形，长约 1mm；能育雄蕊着生于花冠管喉部，花丝长约 1mm，钻形，花药卵形，长约 0.5mm，基着；退化雄蕊钻形，长约 1mm，生于花冠喉部；子房近球形，径约 0.5mm，先端压扁，无毛，具杯状花盘，高约 0.5mm，密被锈色长柔毛，花柱圆柱形，长约 2～2.5mm，无毛，柱头小。浆果多汁，球形，顶端钝，直径 2.5～4.5cm，无柄或近无柄，绿色转紫红色，果皮厚，无毛；种子 2～5 枚，卵圆形，长约 1.8cm，侧向压扁，种皮坚硬，淡黄色，具光泽，疤痕侧生，狭长圆形，几与种子等长，子叶叶状，胚乳膜质，胚根伸出。花期 5 月，果期 8～11 月。

分布：产于我国广东、海南、广西等地区。在越南北部也有分布。

生境：生于中海拔疏或密林中，村边路旁偶见。

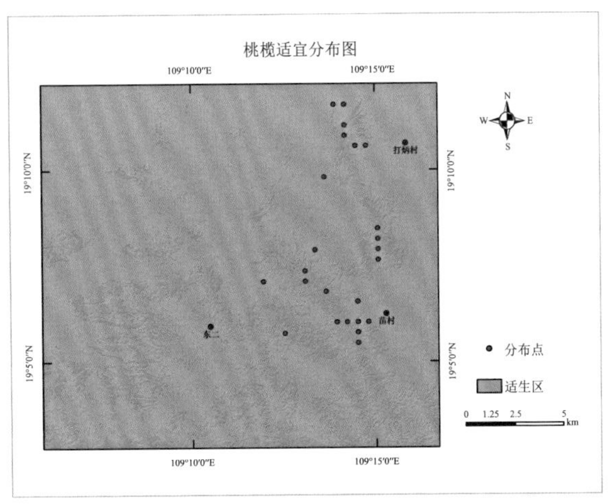

取食部位

取食月份

桃榄	1	2	3	4	5	6	7	8	9	10	11	12

104 金叶树 *Donella lanceolata* var. *stellatocarpa* (P. Royen) X. Y. Zhuang

山榄科 Sapotaceae 金叶树属 *Donella*

形态特征： 乔木，高 10 ～ 20m；小枝圆柱形，上部被黄色柔毛。叶散生，坚纸质，长圆形或长圆状披针形，稀倒卵形，长 5 ～ 12cm，宽 1.7 ～ 4cm，先端通常渐尖或尾尖，尖头钝，基部钝至楔形，通常稍偏斜，边缘波状，幼时两面被锈色绒毛，除下面中脉外，很快变无毛，中脉在上面稍凸出，下面凸出，侧脉 12 ～ 37 对，密集，呈 60° ～ 80° 角上升，直或稍弯曲，至叶缘汇入缘脉，两面均明显；叶柄长 0.2 ～ 0.7cm，被锈色短柔毛或近无毛。花数朵簇生叶腋；花梗纤细，长 3 ～ 6mm，被锈色短柔毛或近无毛；小苞片卵形，长 1mm，宽 0.5mm，先端急尖；花萼裂片 5，卵形至圆形，长 0.7 ～ 1.5mm，宽 0.6 ～ 1mm，先端钝至圆形，幼时外面被锈色柔毛或无毛，内面无毛，边缘具流苏；花冠阔钟形，长 1.8 ～ 3mm，无毛，冠管长 0.7 ～ 1.2mm，裂片 5，舌状至梯形，与冠管近等长，先端圆，边缘具流苏；能育雄蕊 5，着生于冠管中部以下，花丝棒状至圆柱状，长 0.9 ～ 1.5mm，花药卵状三角形，长约 0.6 ～ 0.8mm；子房近圆球形，长约 0.6mm，具 5 肋，被锈色绒毛，5 室，胚珠着生于室的中部稍下；花柱圆柱形，长约 1.5mm，无毛，柱头很细。果近球形，径 1.5 ～ 2（4）cm，幼时被锈色绒毛，成熟时横向呈星状，具 5 圆形粗肋，顶端凹，变无毛，干时褐色至紫黑色；种子（1）4 或 5 枚，倒卵形，侧向压扁，长 11 ～ 13mm，宽 6 ～ 7mm，种皮厚，外面褐色，具光泽，疤痕狭长圆形至倒披针形，种脐顶生，子叶薄，卵形，扁平，胚乳丰富，胚根基生，圆柱形，长约 2mm。花期 5 月，果期 10 月。

分布： 产于我国广东沿海、广西、海南。在斯里兰卡、印度尼西亚、中南半岛、马来西亚、新加坡也有分布。

生境： 生于中海拔杂木林中。

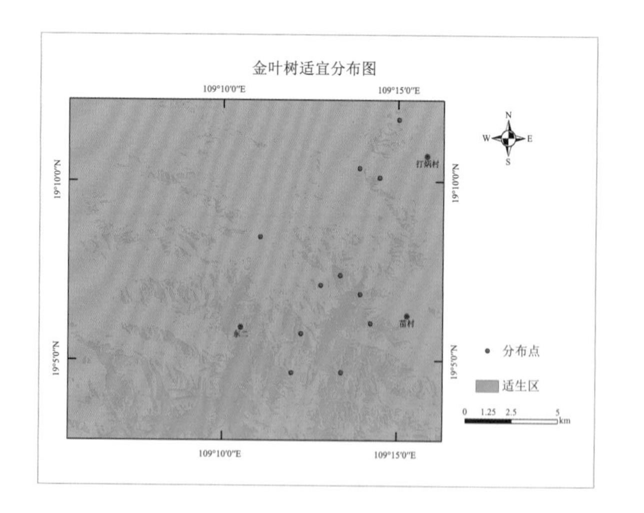

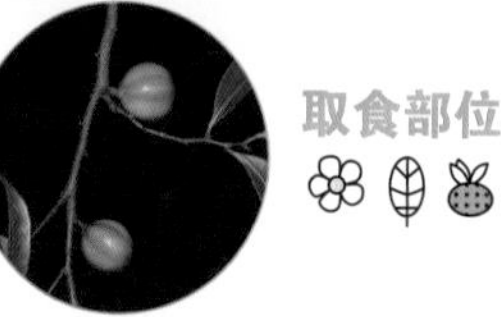

取食部位

取食月份

金叶树	1	2	3	4	5	6	7	8	9	10	11	12

105 过布柿 *Diospyros susarticulata* Lec.

柿科 Ebenaceae 柿属 *Diospyros*

形态特征：乔木，高 12m，直径达 35cm；树皮黑色、褐黑色，有纵裂，质硬；除雄花序、萼、冬芽外，余处均无毛。枝灰黑色，有纵向浅缝裂，散生纵裂的椭圆形皮孔；嫩枝纤细，黄绿色。冬芽针状，长 3 ～ 6mm，密被淡黄色紧贴的柔毛。叶薄革质，长椭圆形至椭圆状长圆形，长 7.5 ～ 17cm，宽 3.5 ～ 7cm，先端短渐尖，钝头，基部楔形，上面有光泽，绿色，下面淡绿色，中脉上面凹下，下面明显凸起，侧脉纤细，每边 8 ～ 11 条，在两面上都可见，未达叶缘即网结，小脉很纤细，结成小网状，在两面上明晰；叶柄纤细，长 6 ～ 10mm，下端在着生处稍上有关节。雄花序单生于当年生枝的叶腋，有伏贴的小柔毛，为聚伞花序或短圆锥花序，很少仅 1 花发育。雄花：长约 1cm，花萼 4 裂，裂片近半圆形或钝三角形，长 1 ～ 3mm，宽约 2mm，边缘有毛；花冠白色，花冠管壶形，长约 7mm，4 裂，裂片宽卵形或近圆形，长约 2mm，宽约 3mm，雄蕊 16，每 2 枚连生成对，腹面 1 枚较短，近无毛或略被柔毛；花梗纤细，短，长 2 ～ 3mm，在花萼下有关节。雌花未见。果球形，直径 2 ～ 3cm，嫩时绿色，后变橙黄色，顶端有小尖头，除尖头周围有棕色紧贴短硬毛外，余处无毛，6 室；种子长圆形，长 1.5 ～ 2cm，宽 6 ～ 10mm，深棕色，侧扁，背面较厚；宿存萼宽约 2cm，外面疏被短毛，内面密被浅棕色绢毛，4 裂，裂片近三角形，长约 8mm，宽约 1cm；果柄短，长 3 ～ 8mm。花期 4 ～ 8 月，果期 8 ～ 10 月。

分布：产于我国海南。在越南南部和老挝也有分布。

生境：生于山谷或山上常绿阔叶密林中，或在山谷溪畔或灌丛中。

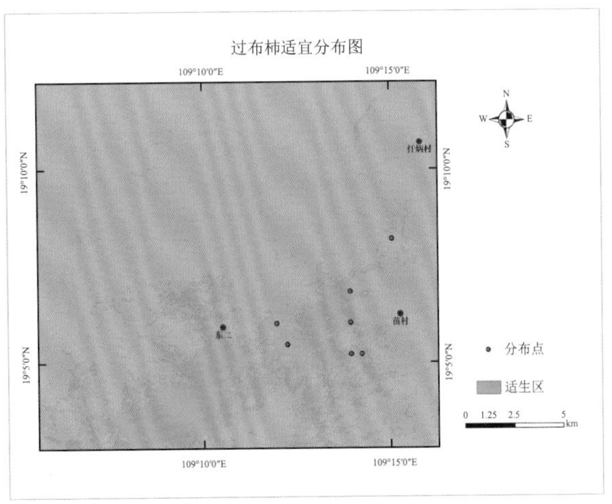

取食部位

取食月份

过布柿	1	2	3	4	5	6	7	8	9	10	11	12

106 琼岛柿 *Diospyros maclurei* Merr.

柿科 Ebenaceae 柿属 *Diospyros*

形态特征：乔木，高达 30m，直径达 50cm；树皮黑色，呈鳞片状剥落，有细纵裂；老枝灰色，幼枝绿褐色；冬芽小，针状，长约 2mm，有浅棕色的小伏柔毛。叶革质或厚纸质，长圆形或阔长圆状倒披针形，或椭圆形，偶或倒卵形，长 8 ~ 14.5cm，宽 2.5 ~ 6cm，先端急渐尖，尖头钝，基部楔形，叶缘微背卷，上面深绿色，有光泽，下面淡绿色。中脉在上面凹下，在下面很凸起，侧脉每边约 8 条，在上面稍凸起，在下面凸起，末端距叶缘 4 ~ 5mm 即联结成拱形，小脉纤细，微突起，不如侧脉的清晰，结成疏网状；叶柄稍粗壮，长 5 ~ 10mm，上面先端有浅槽。花簇生或生在短总状花序上。果长圆形或长圆状卵形，或近球形，直径 4 ~ 5cm，长 4 ~ 5.5cm，嫩时绿色，熟时橙红色，8 室，幼时密被锈色绒毛，成熟时无毛；种子长圆形，长 3 ~ 3.5cm，宽约 1cm，黑褐色；宿存萼革质，直径约 2.5cm，初时有锈色绒毛，后变无毛，4 裂；裂片近圆形，先端圆，开展或反曲，通常两侧略向后卷；果柄粗短，长 8 ~ 10mm，直径 3 ~ 4mm，先端略膨大。果期 10 月至翌年 2 月。

分布：仅产于我国海南。

生境：生于海拔 800m 以下的山坡和山谷常绿阔叶密林中，常生在潮湿静风处。

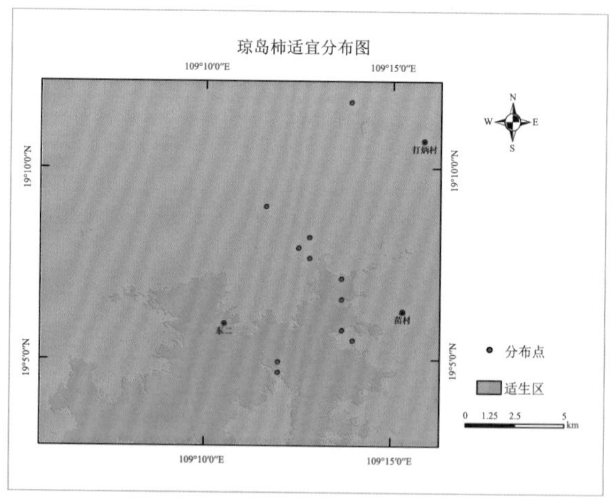

取食部位

取食月份

琼岛柿	1	2	3	4	5	6	7	8	9	10	11	12

107 乌材 *Diospyros eriantha*

柿科 Ebenaceae 柿属 *Diospyros*

形态特征： 绿乔木或灌木，高可达 16m，胸高直径可达 50cm；树皮灰色，灰褐色至黑褐色，幼枝、冬芽、叶下面脉上、幼叶叶柄和花序等处有锈色粗伏毛。枝灰褐色，疏生纵裂的近圆形小皮孔，无毛。冬芽卵形，芽鳞约 10 片，下部的成两列，覆瓦状排列。叶纸质，长圆状披针形，长 5 ～ 12cm，宽 1.8 ～ 4cm，先端短渐尖，基部楔形或钝，有时近圆形，边缘微背卷，有时有睫毛，上面有光泽，深绿色，除中脉外余处无毛，下面绿色，干时上面灰褐色或灰黑色，下面带红色或浅棕色，中脉在上面微凸起，在下面明显凸起，侧脉每边通常 4 ～ 6 条，在上面略不明显，平坦或微凹，下面明显，斜向上方弯生，将近叶缘即逐渐隐没，小脉很纤细，结成疏网状，两面上均不明显；叶柄粗短，长 5 ～ 6mm。花序腋生，聚伞花序式，基部有苞片数片，苞片覆瓦状排列，卵形，总梗极短或几无总梗；雄花 1 ～ 3 朵簇生，几无梗；花萼深 4 裂，两面有粗伏毛，裂片披针形；花冠白色，高脚碟状，外面密被粗伏毛，里面无毛，4 裂，花冠管长约 7mm，裂片覆瓦状排列，卵状长圆形或披针形，长约 4mm，急尖，雄蕊 14 ～ 16，着生在花冠管的基部，每 2 枚连生成对，腹面 1 枚较短，花药线形，顶端有小尖头，退化子房小。雌花单生，花梗极短，基部有小苞片数枚；花萼 4 深裂，裂片卵形，先端急尖，两面有粗伏毛；花冠淡黄色，4 裂，外面有粗伏毛，里面无毛；退化雄蕊 8；子房近卵形，密被粗伏毛，4 室，每室有 1 胚珠；花柱 2 裂，基部有粗伏毛；柱头浅 2 裂。果卵形或长圆形，长 1.2 ～ 1.8cm，直径约 8mm，先端有小尖头，嫩时绿色，熟时黑紫色，初时有粗伏毛，成熟时除顶端外，余处近无毛，有种子 1 ～ 4 颗；种子黑色，其形状因果内所含种子多少而不同，单生时为椭圆形，长约 1.3cm，直径约 6mm，如含种子 4 颗时，则每颗呈近三棱形，背面呈拱形；宿存萼增大，4 裂，裂片平而略开展，卵形，长约 8mm，宽约 6mm，疏被粗伏毛，近基部被毛较密。花期 7 ～ 8 月，果期 10 月至翌年 1 ～ 2 月。

分布： 产于我国广东、海南、广西、台湾。在越南、老挝、马来西亚、印度尼西亚（苏门答腊、爪哇和加里曼丹）等地也有分布。

生境： 生于海拔 500m 以下的山地疏林、密林或灌丛中，或在山谷溪畔林中。

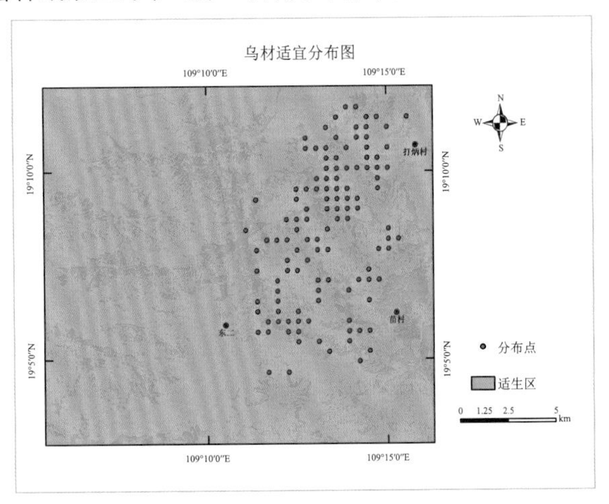

取食部位

取食月份

乌材	1	2	3	4	5	6	7	8	9	10	11	12

108 白花酸藤果 *Embelia ribes* Burm. F.

报春花科 Primulaceae 酸藤子属 *Embelia*

形态特征： 攀援灌木或藤本，长 3 ～ 6m，有时达 9m 以上；枝条无毛，老枝有明显的皮孔。叶片坚纸质，倒卵状椭圆形或长圆状椭圆形，顶端钝渐尖，基部楔形或圆形，长 5 ～ 8（～ 10）cm，宽约 3.5cm，全缘，两面无毛，背面有时被薄粉，腺点不明显，中脉隆起，侧脉不明显；叶柄长 5 ～ 10mm，两侧具狭翅。圆锥花序，顶生，长 5 ～ 15cm，稀达 30cm，枝条初时斜出，以后呈辐射展开与主轴垂直，被疏乳头状突起或密被微柔毛；花梗长 1.5mm 以上；小苞片钻形或三角形少长约 1mm，外面被疏微柔毛，里面无毛；花 5 数，稀 4 数，花萼基部连合达萼长的 1/2，萼片三角形，顶端急尖或钝，外面被柔毛，有时被乳头状突起，里面无毛，具腺点；花瓣淡绿色或白色，分离，椭圆形或长圆形，长 1.5 ～ 2mm，外面被疏微柔毛，边缘和里面被密乳头状突起，具疏腺点；雄蕊在雄花中着生于花瓣中部，与花瓣几等长，花丝较花药长 1 倍，花药卵形或长圆形，背部具腺点，在雌花中较花瓣短；雌蕊在雄花中退化，较花瓣短，柱头呈不明显的 2 裂，在雌花中与花瓣等长或略短，子房卵珠形，无毛，柱头头状或盾状。果球形或卵形，直径 3 ～ 4mm，稀达 5mm，红色或深紫色，无毛，干时具皱纹或隆起的腺点。花期 1 ～ 7 月，果期 5 ～ 12 月。

分布： 产于我国贵州、云南、广西、广东、福建。在印度以东至印度尼西亚均有分布。

生境： 生于海拔 50 ～ 2000m 的林内、林缘灌木丛中，或路边、坡边灌木丛中。

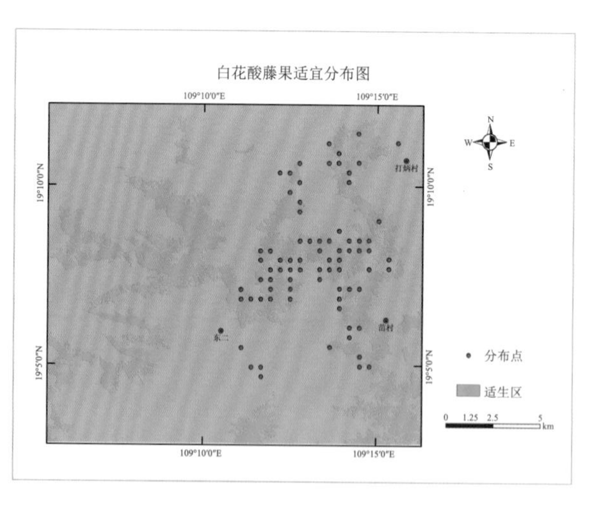

取食部位

取食月份

白花酸藤果	1	2	3	4	5	6	7	8	9	10	11	12

109 密鳞紫金牛 *Ardisia densilepidotula* Merr.

紫金牛科 Myrsinaceae 紫金牛属 *Ardisia*

形态特征： 小乔木，高 6 ～ 8（～ 15）m；小枝粗壮，皮粗糙，幼时被锈色鳞片。叶片革质，倒卵形或广倒披针形，顶端钝急尖或广急尖，基部楔形，下延，长 11 ～ 17cm，宽 4 ～ 6cm，有时长达 23cm，宽 8.5cm，全缘，常反折，叶面平整，侧脉微隆起，中脉微凹，背面密被鳞片，中脉明显，隆起，侧脉多数，微隆起，连成近边缘的边缘脉，无腺点；叶柄长约 1cm，具狭翅和沟。由多回亚伞形花序组成的圆锥花序，顶生或近顶生，长 10 ～ 14cm，被鳞片；花梗长 3 ～ 8mm，被鳞片；花长约 3mm，花萼基部连合，萼片狭三角状卵形或披针形，顶端急尖，长 1 ～ 1.5mm，具缘毛，无腺点，稀具腺点，无毛；花瓣粉红色至紫红色，卵形，顶端钝，长约 3mm，无腺点，无毛；雄蕊与花瓣几等长，花药卵形，顶端细尖，无腺点；雌蕊与花瓣等长或略长，子房卵珠形，无毛；胚珠约 14 枚，1 轮。果球形，直径约 6mm，紫红色至紫黑色，无腺点。花期 6 ～ 7（～ 8）月，有时达 2 月。果期 10 ～ 11 月。

分布： 产于我国海南。

生境： 生于海拔 250 ～ 2000m 的山谷、山坡密林中。

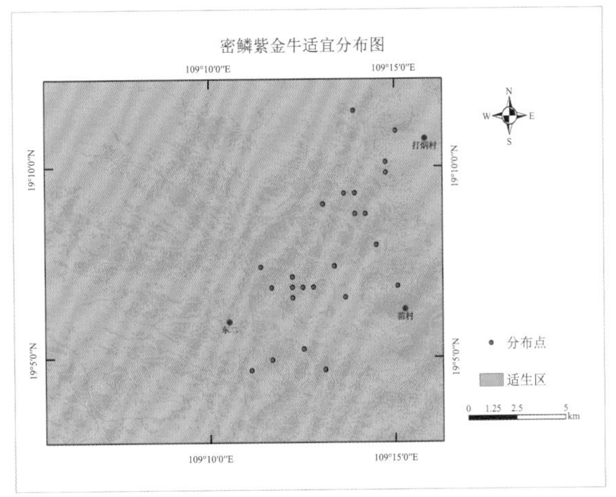

取食部位

取食月份

密鳞紫金牛	1	2	3	4	5	6	7	8	9	10	11	12

110 水东哥 *Saurauia tristyla* DC.

猕猴桃科 Actinidiaceae 水东哥属 *Saurauia*

形态特征： 灌木或小乔木，高 3 ~ 6m，稀达 12m；小枝无毛或被绒毛，被爪甲状鳞片或钻状刺毛。叶纸质或薄革质，倒卵状椭圆形、倒卵形、长卵形、稀阔椭圆形，长 10 ~ 28cm，宽 4 ~ 11cm，顶端短渐尖至尾状渐尖，基部楔形，稀钝，叶缘具刺状锯齿，稀为细锯齿，侧脉 8 ~ 20 对，两面中、侧脉具钻状刺毛或爪甲状鳞片，腹面侧脉内具 1 ~ 3 行偃伏刺毛或无；叶柄具钻状刺毛，有绒毛或否。花序聚伞式，1 ~ 4 枚簇生于叶腋或老枝落叶叶腋，被毛和鳞片，长 1 ~ 5cm，分枝处具苞片 2 ~ 3，苞片卵形，花柄基部具 2 枚近对生小苞片；小苞片披针形或卵形，长 1 ~ 5mm；花粉红色或白色，小，直径 7 ~ 16mm；萼片阔卵形或椭圆形，长 3 ~ 4mm；花瓣卵形，长 8mm，顶部反卷；雄蕊 25 ~ 34；子房卵形或球形，无毛，花柱 3 ~ 4，稀 5，中部以下合生。果球形，白色，绿色或淡黄色，直径 6 ~ 10mm。果期 8 ~ 12 月。

分布： 产于我国海南、广西、云南、贵州、广东。在印度、马来西亚也有分布。

生境： 喜生长在阴湿、肥沃的环境。常生于林中沟谷的水边。

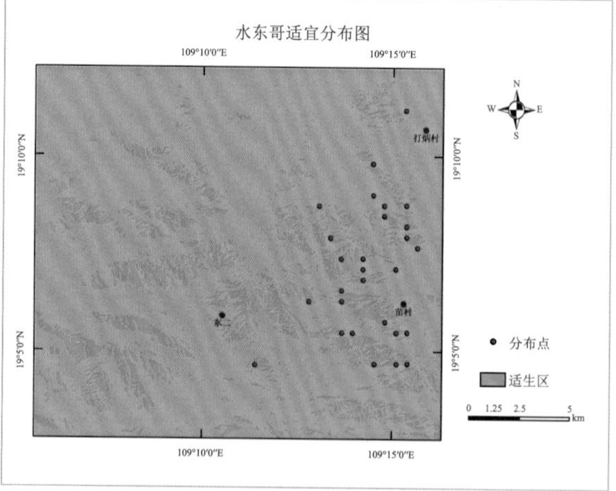

取食部位

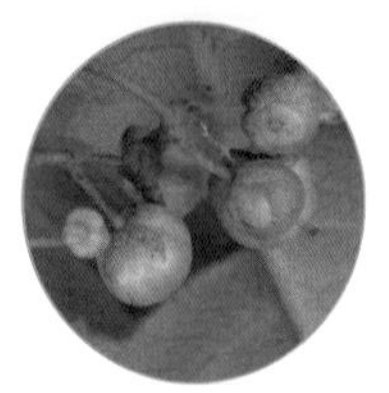

取食月份

水东哥	1	2	3	4	5	6	7	8	9	10	11	12

111 柴龙树 *Apodytes dimidiata* E. Meyer (ex Drege ex Bernhardi) ex Arn.

茶茱萸科 Icacinaceae 柴龙树属 *Apodytes*

形态特征： 灌木或乔木，高（3～）7～10（～20）m；树皮平滑，灰白色；小枝灰褐色，具皮孔，嫩枝密被黄色微柔毛。叶纸质，椭圆形或长椭圆形，长 6～15cm，宽 3～7.5cm，先端急尖或短渐尖，基部楔形，表面黄绿色，微亮，背淡，干后为黑色或黑褐色，两面无毛或背面沿中脉稍被毛，侧脉 5～8 对，背面较明显，网脉细；叶柄长 1～2.5cm，疏被微柔毛，嫩时较密。圆锥花序顶生，密被黄色微柔毛；花两性，淡黄色或白色，具短花梗，长不到 1mm，密被黄色微柔毛；花萼杯状，黄绿色，长约 0.5mm，5 齿裂，外面疏被微柔毛；花瓣 5，黄绿色，长圆形，长约 4mm，宽约 1mm；雄蕊 5，花丝紫绿色，长约 1.5mm，花药黄绿色，长约 1.5mm，药室基部张开，上部着生于花丝上；子房密被黄色短柔毛，长约 1.5mm，花柱偏生，长 2.5mm，无毛，柱头小。核果长圆形，长约 1cm，宽约 0.7cm，生时青，熟时红至黑红色，有明显的横绉，基部有一盘状附属物，其一侧为宿存花柱。种子 1 枚。花果期全年。

分布： 产于我国云南南部（西双版纳）及广西西部、海南南部。在非洲南部、安哥拉及热带、亚热带东北非洲至斯里兰卡、印度、热带东南亚（直至菲律宾、印度尼西亚）也有分布。

生境： 生于海拔 470～1540（～1900）m 的各种疏、密林中，石山及村寨旁的灌丛中也常见。

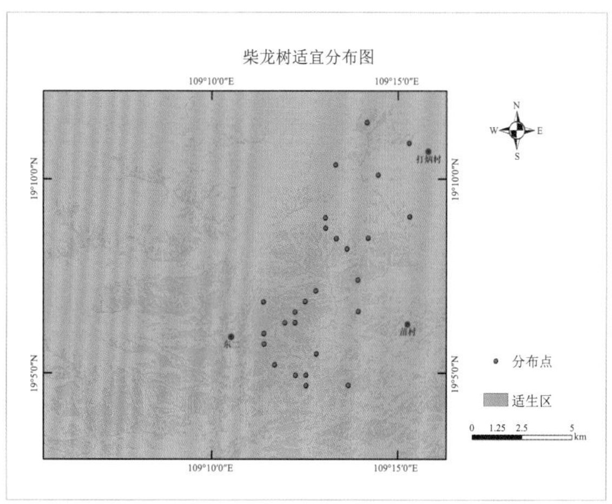

取食部位

取食月份

柴龙树	1	2	3	4	5	6	7	8	9	10	11	12

112 东方肖榄 *Platea parvifolia* Merr. et Chun

茶茱萸科 Icacinaceae 肖榄属 *Platea*

形态特征： 乔木，高 8 ～ 18m，树皮灰褐色，小枝无毛，嫩枝密被锈色或灰褐色星状鳞秕。叶长椭圆形，长 6 ～ 10cm，宽 2.5 ～ 4cm，先端钝，基部阔楔形，表面深绿色，背面淡绿，幼时被锈色星状鳞秕，老叶背面有极稀疏、脱落的星状鳞秕痕迹，革质或薄革质，中脉在表面微凹，背面隆起，侧脉 6 ～ 7 对，背面微凸起，网脉不明显；叶柄长 1 ～ 1.5cm，上面具一槽，幼时密被星状鳞秕。总状花序腋生，花芽微红绿色。雄花排列成腋生多花圆锥花序，花未见。雌花排列成腋生少花总状花序，长约 1cm，和苞片、萼片及子房密被锈色星状鳞秕和绒毛，苞片卵形，长约 2mm，萼片长约 2mm，裂齿三角形，子房圆柱形，柱头盘状。核果椭圆状卵形，长约 3cm，径约 1.5cm，顶端钝形，青色，干时黑褐色；果柄长 1 ～ 1.5cm；宿萼 5，卵形，长约 2mm，被锈色星状鳞秕。花期 2 月以后，果期 10 月。

分布： 我国海南特产，仅见于东方等地。

生境： 生于海拔 700 ～ 900m 的林中。

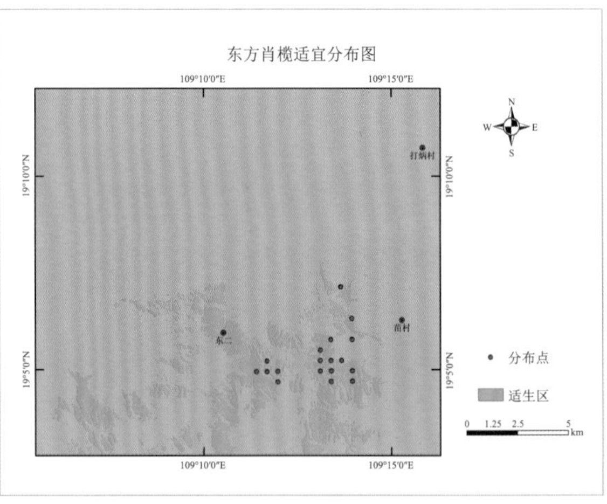

取食部位

取食月份

东方肖榄	1	2	3	4	5	6	7	8	9	10	11	12

113 海南肖榄（阔叶肖榄）*Platea latifolia* Blume

茶茱萸科 Icacinaceae 肖榄属 *Platea*

形态特征： 大乔木，高 6 ～ 25m，小枝、芽、幼叶背面及花序密被锈色星状鳞秕，老时渐疏，树皮灰褐色。叶椭圆形或长圆形，长 10 ～ 19cm，宽 4 ～ 9cm；先端渐尖，基部圆或钝，表面深绿色，背面淡绿，薄革质至革质，中脉在表面微凹，背面与侧脉均隆起，侧脉 6 ～ 14 条，在边缘汇合，网脉细而略明显，叶柄长 2 ～ 3.5cm。雌雄异株。雄花为大型圆锥花序，腋生，长 4 ～ 10cm，密被锈色星状鳞秕和绒毛；具苞片，卵形，长约 1mm，被锈色绒毛；萼片卵形，长约 0.5 ～ 0.8mm，密被锈色星状鳞秕，具缘毛；花瓣卵状椭圆形，长 1.5 ～ 1.8mm，先端内弯，绿色，无毛，花丝极短，白色，花药长圆形，长约 0.8mm，黄色；退化子房圆锥状。雌花为腋生短总状花序，长 1 ～ 2cm，和苞片、萼片及子房密被锈色星状鳞秕和绒毛；每朵花具 1 披针形的苞片，长 0.4 ～ 0.7cm，花梗粗，长 0.3 ～ 0.4cm；萼片长约 0.3cm，5 齿，裂齿三角形，外面密被锈色星状毛，里面无毛，边缘具缘毛；子房圆柱形，密被棕色星状毛，柱头盘状，3 圆裂。果序长 1.5 ～ 3cm，被锈色星状鳞秕；核果椭圆状卵形，长 3 ～ 4cm，径 1.5 ～ 2cm，幼时被星状鳞秕；老时逐渐脱落，顶端为盘状柱头，具增大的宿存萼。种子 1 枚，子叶披针形，胚乳丰富。花期 2 ～ 4 月，果期 6 ～ 11 月。

分布： 产于我国云南、广西、海南。在孟加拉国、老挝、越南、马来半岛、印度尼西亚、菲律宾等地也有分布。

生境： 生于海拔 900 ～ 1300m 的沟谷密林中。

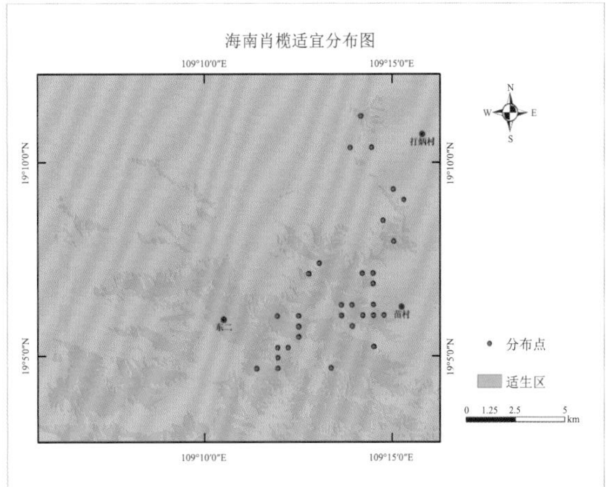

取食部位

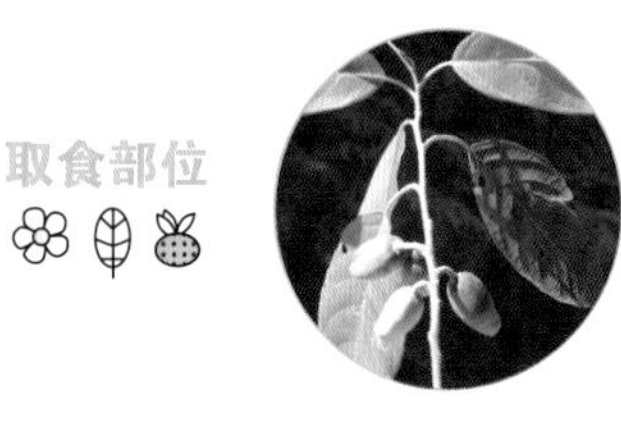

取食月份

海南肖榄	1	2	3	4	5	6	7	8	9	10	11	12

114 九节 *Psychotria asiatica* Wall.

茜草科 Rubiaceae 九节属 *Psychotria*

形态特征：灌木或小乔木，高 0.5 ～ 5m。叶对生，纸质或革质，长圆形、椭圆状长圆形或倒披针状长圆形，稀长圆状倒卵形，有时稍歪斜，长 5 ～ 23.5cm，宽 2 ～ 9cm，顶端渐尖、急渐尖或短尖而尖头常钝，基部楔形，全缘，鲜时稍光亮，干时常暗红色或在下面褐红色而上面淡绿色，中脉和侧脉在上面凹下，在下面凸起，脉腋内常有束毛，侧脉 5 ～ 15 对，弯拱向上，近叶缘处不明显联结；叶柄长 0.7 ～ 5cm，无毛或极稀有极短的柔毛；托叶膜质，短鞘状，顶部不裂，长 6 ～ 8mm，宽 6 ～ 9mm，脱落。聚伞花序通常顶生，无毛或极稀有极短的柔毛，多花，总花梗常极短，近基部三分歧，常呈伞房状或圆锥状，长 2 ～ 10cm，宽 3 ～ 15cm；花梗长 1 ～ 2.5mm；萼管杯状，长约 2mm，宽约 2.5mm，檐部扩大，近截平或不明显的 5 齿裂；花冠白色，冠管长 2 ～ 3mm，宽约 2.5mm，喉部被白色长柔毛，花冠裂片近三角形，长 2 ～ 2.5mm，宽约 1.5mm，开放时反折；雄蕊与花冠裂片互生，花药长圆形，伸出，花丝长 1 ～ 2mm；柱头 2 裂，伸出或内藏。核果球形或宽椭圆形，长 5 ～ 8mm，直径 4 ～ 7mm，有纵棱，红色；果柄长 1.5 ～ 10mm；小核背面凸起，具纵棱，腹面平而光滑。花果期全年。

分布：产于我国浙江、福建、台湾、湖南、广东、香港、海南、广西、贵州、云南。在日本、越南、老挝、柬埔寨、马来西亚、印度等地也有分布。

生境：生于山坡或村边，海拔约 80m。

九节适宜分布图

109°10'0"E 109°15'0"E

19°10'0"N 19°5'0"N

• 分布点

适生区

0 1.25 2.5 5 km

取食部位

取食月份

九节	1	2	3	4	5	6	7	8	9	10	11	12

115 岭罗麦 *Tarennoidea wallichii*（Hook. f.）Tirveng. et C. Sastre

茜草科 Rubiaceae 岭罗麦属 *Tarennoidea*

形态特征：无刺乔木，高 3～20m，很少灌木状；枝粗壮，无毛，节明显，表皮常裂成糠秕状脱落。叶革质，对生，长圆形、倒披针状长圆形或椭圆状披针形，长 7～30cm，宽 2.2～9cm，顶端阔短尖或渐尖，尖端常钝，基部楔形，边常反卷，上面光亮，下面稍苍白，仅下面脉腋内的小孔中常有簇毛；侧脉 5～13 对，通常纤细，在下面凸起，在上面稍凸起或平，或有时在两面稍明显；叶柄长 1～3cm，无毛；托叶披针形，无毛，长 8～10mm，脱落。聚伞花序排成圆锥花序状，顶生或近枝顶腋生，疏散而多花，长 4～12cm，宽 8～13cm，分枝开展，互生，被短柔毛；苞片和小苞片披针形或丝状，长 2～3mm；花梗长 1～8mm，被短柔毛；萼管钟形，基部常被短柔毛，长 1.5～2.5mm，檐部稍扩大，顶端浅 5 裂，裂片三角形，长 0.5～0.7mm；花冠黄色或白色，冠管长 3～4mm，宽约 1.5mm，喉部有长柔毛，顶部 5 裂，花冠裂片长圆形，开放时反折，长约 2.5mm，宽约 1.4mm；雄蕊 5，花丝极短，花药线状长圆形，长约 1.5mm；子房 2 室，每室有胚珠 1～2 颗，花柱长 3.5～5mm，柱头纺锤形，不裂，长 1.5mm。浆果球形，直径 7～18mm，无毛，有种子 1～4 枚。花期 3～6 月，果期 7～10 月。

分布：产于我国广东、广西、海南、贵州、云南。在印度、尼泊尔、不丹、孟加拉国、缅甸、泰国、越南、柬埔寨、马来西亚、印度尼西亚、菲律宾也有分布。

生境：生于海拔 400～2200m 处的丘陵、山坡、山谷溪边的林中或灌丛中。

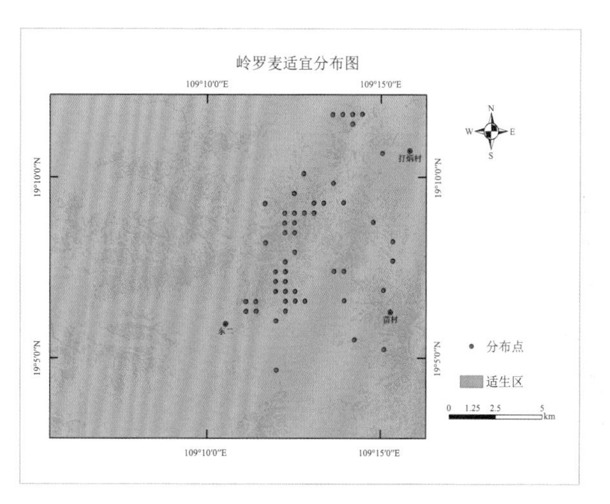

取食部位

取食月份

岭罗麦	1	2	3	4	5	6	7	8	9	10	11	12

116 鱼骨木 *Psydrax dicocca* Gaertner

茜草科 Rubiaceae 鱼骨木属 *Psydrax*

形态特征： 无刺灌木至中等乔木，高 13 ～ 15m，全部近无毛；小枝初时呈压扁形或四棱柱形，后变圆柱形，黑褐色。叶革质，卵形，椭圆形至卵状披针形，长 4 ～ 10cm，宽 1.5 ～ 4cm，顶端长渐尖或钝或钝急尖，基部楔形，干时两面极光亮，上面深绿，下面浅褐色，边微波状或全缘，微背卷；侧脉每边 3 ～ 5 条，两面略明显，小脉稀疏，不明显；叶柄扁平，长 8 ～ 15mm；托叶长 3 ～ 5mm，基部阔，上部收狭成急尖或渐尖。聚伞花序具短总花梗，比叶短，偶被微柔毛；苞片极小或无；萼管倒圆锥形，长 1 ～ 1.2mm，萼檐顶部截平或为不明显 5 浅裂；花冠绿白色或淡黄色，冠管短，圆筒形，长约 3mm，喉部具绒毛，顶部 5 裂，偶有 4 裂，裂片近长圆形，略比冠管短，顶端急尖，开放后外反；花丝短，花药长圆形，长约 1.5mm；花柱伸出，无毛，柱头全缘，粗厚。核果倒卵形，或倒卵状椭圆形，略扁，多少近孪生，长 8 ～ 10mm，直径 6 ～ 8mm；小核具皱纹。花期 1 ～ 8 月，果期 1 ～ 4 月，6 ～ 11 月。

分布： 产于我国广东、香港、海南、广西、云南和西藏（墨脱）。在印度、斯里兰卡、中南半岛、印度尼西亚、菲律宾及澳大利亚也有分布。

生境： 常见于低海拔至中海拔疏林或灌丛中。

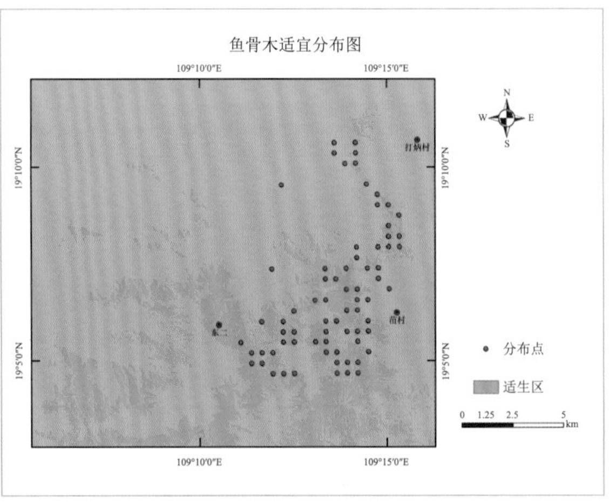

取食部位

取食月份

鱼骨木	1	2	3	4	5	6	7	8	9	10	11	12

117 粗毛玉叶金花 *Mussaenda hirsutula* Miq.

茜草科 Rubiaceae 玉叶金花属 *Mussaenda*

形态特征：攀援灌木，小枝密被锈色或灰色柔毛。叶对生，膜质，椭圆形或长圆形，有时近卵形，长 7 ～ 13cm，宽 2.5 ～ 4cm 或过之，顶端短尖或渐尖，基部楔形，两面被稀疏的柔毛，下面及脉上毛较密；侧脉 6 ～ 7 对；叶柄长 3 ～ 5mm，密被柔毛；托叶深 2 裂或 2 全裂，裂片披针形，长 3 ～ 5mm，密被柔毛。聚伞花序顶生和生于上部叶腋，被贴伏的灰黄色长绒毛，总花序梗长 8 ～ 11mm；苞片线状披针形，长 4 ～ 5mm，被长柔毛；花梗短或无梗；花萼管椭圆形，长 4 ～ 5mm，密被柔毛，萼裂片线形，长 7 ～ 10mm，密被柔毛；花叶阔椭圆形，长 4 ～ 4.5cm，宽 3 ～ 3.5cm，被柔毛，通常有纵脉 7 条，顶端圆或短尖，基部近圆形，上面疏被短柔毛，背面密被长柔毛，柄长 1.4cm；花冠黄色，外面被短硬毛，花冠管内有橙黄色棒状毛，花冠裂片椭圆形，短尖，里面有金黄色小疣突。浆果椭圆状，有时近球形，长 14 ～ 20mm，直径 9 ～ 12mm，干时褐色，有浅褐色小斑点，顶部宿存萼裂片紧贴，果柄被毛，长 3 ～ 4mm。花期 4 ～ 6 月，果期 7 月至翌年 1 月。

分布：我国特有，产于海南、广东、湖南、贵州和云南。

生境：生于海拔 340m 处的山谷、溪边和旷野灌丛中，常攀援于林中树冠上。

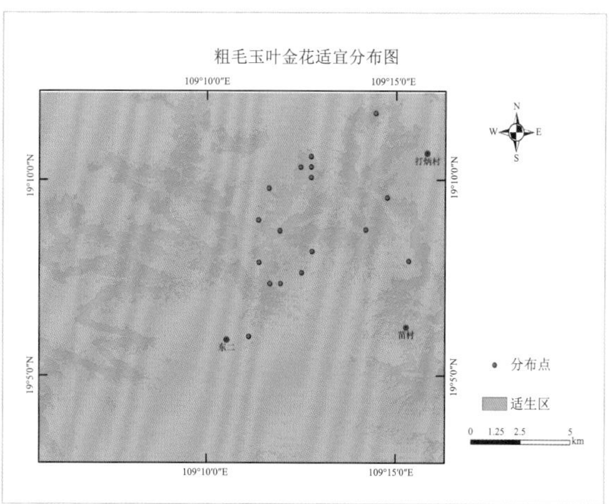

取食部位

取食月份

粗毛玉叶金花	1	2	3	4	5	6	7	8	9	10	11	12

118 楠藤 *Mussaenda erosa* Champ.

茜草科 Rubiaceae 玉叶金花属 *Mussaenda*

形态特征：攀援灌木，高 3m；小枝无毛。叶对生，纸质，长圆形、卵形至长圆状椭圆形，长 6 ～ 12cm，宽 3.5 ～ 5cm，顶端短尖至长渐尖，基部楔形，嫩叶仅上面沿脉上略被毛，下面有稀疏的贴伏毛，老叶则两面无毛；侧脉 4 ～ 6 对；叶柄长 1 ～ 1.5cm；托叶长三角形，长约 8mm，无毛或有短硬毛，深 2 裂。伞房状多歧聚伞花序顶生，花序梗较长，花疏生；苞片线状披针形，长 3 ～ 4mm，几无毛；花梗短；花萼管椭圆形，长 3 ～ 3.5mm，无毛，萼裂片线状披针形，长 2 ～ 2.5mm，基部被稀疏的短硬毛；花叶阔椭圆形，长 4 ～ 6cm，宽 3 ～ 4cm，有纵脉 5 ～ 7 条，顶端圆或短尖，基部骤窄，柄长 0.9 ～ 1cm，无毛；花冠橙黄色，花冠管外面有柔毛，喉部内面密被棒状毛，花冠裂片卵形，长约 5mm，宽与长近相等，顶端锐尖，内面有黄色小疣突。浆果近球形或阔椭圆形，长 10 ～ 13mm，直径 8 ～ 10mm，无毛，顶部有萼檐脱落后的环状疤痕，果柄长 3 ～ 4mm。花期 1 ～ 7 月，果期 9 ～ 12 月。

分布：产于我国广东、香港、广西、云南、四川、贵州、福建、海南和台湾。在中南半岛等也有分布。

生境：常攀援于疏林乔木树冠上。

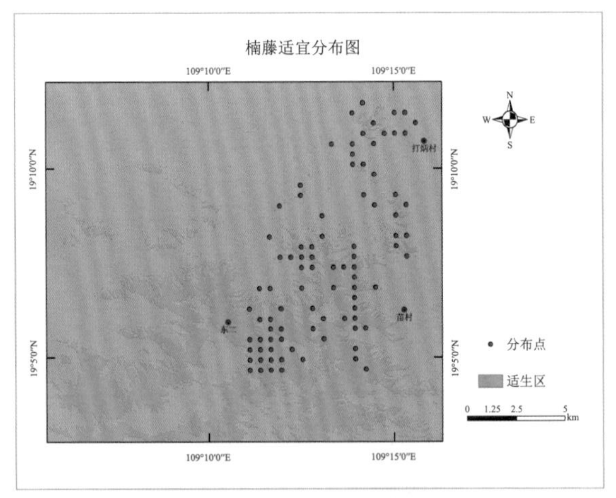

取食部位

取食月份

楠藤	1	2	3	4	5	6	7	8	9	10	11	12

119 海南栀子 *Gardenia hainanensis* Merr.

茜草科 Rubiaceae 栀子属 *Gardenia*

形态特征： 乔木，高 3 ～ 12m。叶薄革质，倒卵状长圆形，少长圆形或倒披针形，长 5 ～ 19.5cm，宽 2 ～ 8cm，顶端短尖或短渐尖，尖端常稍钝，基部楔形，少为短尖，两面无毛，上面亮绿，下面色较淡；侧脉 10 ～ 15 对，在上面平，在下面凸起；叶柄长 0.2 ～ 1cm；托叶合生成圆筒形，长达 1cm。花芳香，有长达 8mm 的花梗，单生于小枝顶端或近顶部的叶腋，盛开时直径 4 ～ 5cm；萼管阔倒圆锥形，长 5 ～ 6mm，萼檐管形，顶部常 5 裂，裂片长圆状披针形，长 4 ～ 5mm，宽约 1.6mm，结果时增大；花冠白色，高脚碟状，冠管长约 1.5cm，顶部 5 裂，裂片广展，倒卵状长圆形，长约 3cm，宽 8 ～ 10mm，顶端略钝而具小凸尖；花丝极短，花药线形，伸出，长约 2cm；花柱和柱头长达 3.5cm，柱头纺锤形，长约与花柱相等，伸出，胚珠多数，着生于 2 个线形的侧膜胎座上。果球形或卵状椭圆形，黄色，长 1.6 ～ 3.3cm，有纵棱或有时纵棱不明显，顶部有宿存的萼檐，果柄长 1 ～ 2cm。花期 4 月，果期 5 ～ 10 月。

分布： 产于我国广西（上思）和海南。

生境： 生于海拔 70 ～ 1200m 处的山坡或山谷溪边林中。

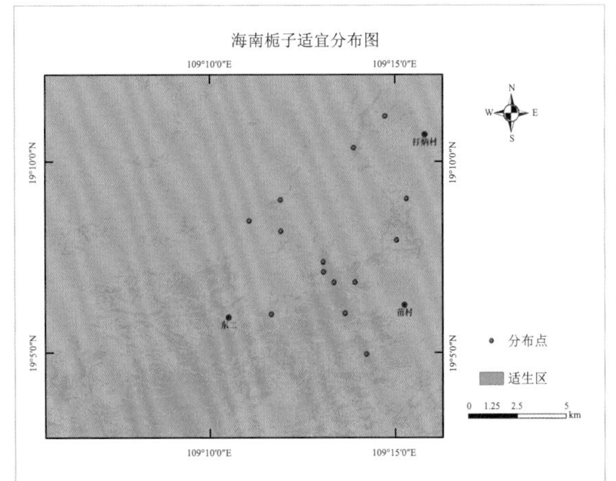

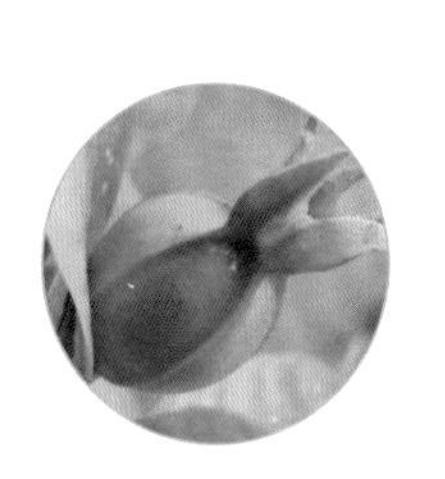

取食部位

取食月份

海南栀子	1	2	3	4	5	6	7	8	9	10	11	12

120 倒吊笔 *Wrightia pubescens* R. Br.

夹竹桃科 Apocynaceae 倒吊笔属 *Wrightia*

形态特征： 乔木，高 8～20m，胸径可达 60cm，含乳汁；树皮黄灰褐色，浅裂；枝圆柱状，小枝被黄色柔毛，老时毛渐脱落，密生皮孔。叶坚纸质，每小枝有叶片 3～6 对，长圆状披针形、卵圆形或卵状长圆形，顶端短渐尖，基部急尖至钝，长 5～10cm，宽 3～6cm，叶面深绿色，被微柔毛，叶背浅绿色，密被柔毛；叶脉在叶面扁平，在叶背凸起，侧脉每边 8～15 条；叶柄长 0.4～1cm。聚伞花序长约 5cm；总花梗长 0.5～1.5cm；花梗长约 1cm；萼片阔卵形或卵形，顶端钝，比花冠筒短，被微柔毛，内面基部有腺体；花冠漏斗状，白色、浅黄色或粉红色，花冠筒长 5mm，裂片长圆形，顶端钝，长约 1.5cm，宽 7mm；副花冠分裂为 10 鳞片，呈流苏状，比花药长或等长，其中 5 枚鳞片生于花冠裂片上，与裂片对生，长 8mm，顶端通常有 3 个小齿，其余 5 枚鳞片生于花冠筒顶端与花冠裂片互生，长 6mm，顶端 2 深裂；雄蕊伸出花喉之外，花药箭头状，被短柔毛；子房由 2 枚粘生心皮组成，无毛，花柱丝状，向上逐渐增大，柱头卵形。蓇葖 2 个粘生，线状披针形，灰褐色，斑点不明显，长 15～30cm，直径 1～2cm；种子线状纺锤形，黄褐色，顶端具淡黄色绢质种毛；种毛长 2～3.5cm。花期 4～8 月，果期雨季。

分布： 产于我国广东、广西、贵州和云南等地。在印度、泰国、越南、柬埔寨、马来西亚、印度尼西亚、菲律宾和澳大利亚也有分布。本种模式标本采自马来西亚。

生境： 散生于低海拔热带雨林中和干燥稀树林中。阳性树，常见于海拔 300m 以下的山麓疏林中，在密林中不常见。适生于土壤深厚、肥沃、湿润而无风的低谷地或平坦地，生长良好。

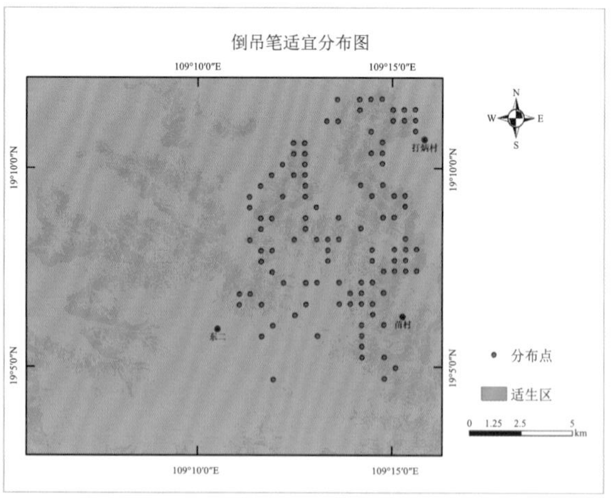

取食部位

取食月份

倒吊笔	1	2	3	4	5	6	7	8	9	10	11	12

121 链珠藤 *Alyxia sinensis* Champ. ex Benth.

夹竹桃科 Apocynaceae 链珠藤属 *Alyxia*

形态特征： 藤状灌木，高达3m；除花梗、苞片及萼片外，其余无毛。叶革质，对生或3枚轮生，通常圆形或卵圆形、倒卵形，顶端圆或微凹，长1.5～3.5cm，宽8～20mm，边缘反卷；侧脉不明显；叶柄长2mm。聚伞花序腋生或近顶生；总花梗长不及1.5cm，被微毛；花小，长5～6mm；小苞片与萼片均有微毛；花萼裂片卵圆形，近钝头，长1.5mm，内面无腺体；花冠先淡红色后退变白色，花冠筒长2.3mm，内面无毛，近花冠喉部紧缩，喉部无鳞片，花冠裂片卵圆形，长1.5cm；雌蕊长1.5mm，子房具长柔毛。核果卵形，长约1cm，直径0.5cm，2～3颗组成链珠状。花期4～9月，果期5～11月。

分布： 产于我国浙江、江西、福建、湖南、广东、广西、贵州等地。

生境： 生于常野矮林或灌木丛中。

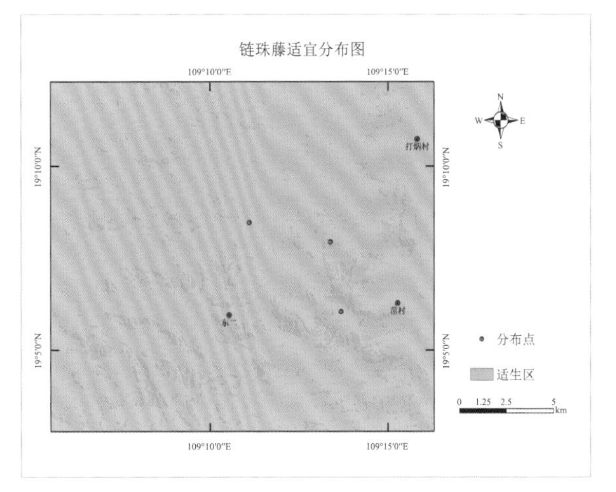

取食部位

取食月份

1	2	3	4	5	6	7	8	9	10	11	12

122 思茅山橙（山橙）*Melodinus cochinchinensis* (Loureiro) Merrill

夹竹桃科 Apocynaceae 山橙属 *Melodinus*

形态特征： 攀援木质藤本，长达 10m，具乳汁，除花序被稀疏的柔毛外，其余无毛；小枝褐色。叶近革质，椭圆形或卵圆形，长 5 ～ 9.5cm，宽 1.8 ～ 4.5cm，顶端短渐尖，基部渐尖或圆形，叶面深绿色而有光泽；叶柄长约 8mm。聚伞花序顶生和腋生；花蕾顶端圆形或钝；花白色；花萼长约 3mm，被微毛，裂片卵圆形，顶端圆形或钝，边缘膜质；花冠筒长 1 ～ 1.4cm，外披微毛，裂片约为花冠筒的 1/2，或与之等长，基部稍狭，上部向一边扩大而成镰刀状或成斧形，具双齿；副花冠钟状或筒状，顶端呈 5 裂片，伸出花冠喉外；雄蕊着生在花冠筒中部。浆果球形，顶端具钝头，直径 5 ～ 8cm，成熟时橙黄色或橙红色；种子多数，犬齿状或两侧扁平，长约 8mm，干时棕褐色。花期 5 ～ 11 月，果期 8 月至翌年 1 月。

分布： 产于我国海南、广东、广西等地。

生境： 常生于丘陵、山谷，攀援树木或石壁上。

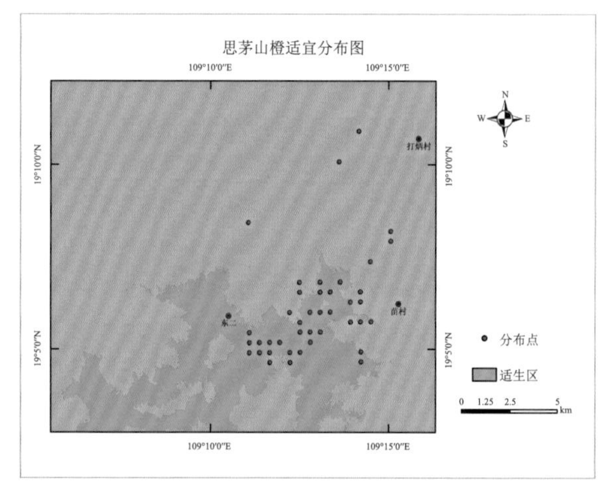

取食部位

取食月份

思茅山橙	1	2	3	4	5	6	7	8	9	10	11	12

123 毛叶丁公藤 *Erycibe hainanensis* Merrill

旋花科 Convolvulaceae 丁公藤属 *Erycibe*

形态特征： 攀援灌木，高约 10m，枝圆柱形，直径约 5mm，密被栗色长柔毛。叶纸质至近革质，椭圆形至长圆状椭圆形，长 15 ～ 18cm，宽 6 ～ 8cm，突尖或渐尖，基部钝或稍圆，两面近于同色，淡橄榄色，光亮，上面无毛，具小凹点，中脉凹陷，背面沿脉密被锈色长柔毛，其余被较疏的柔毛，侧脉约 9 对，网脉稀疏，几不明显；叶柄极密被长柔毛，约长 7mm。花序圆锥状，多花，腋生及顶生，极密被锈色长柔毛，顶生花序长 4 ～ 9cm，腋生的较短，花序梗短，不及 1cm；小苞片长约 4mm，被锈色绒毛，早落；花柄粗壮，长 2 ～ 3mm，花 3 ～ 4 朵密集成簇，黄色，有香气；萼长 3 ～ 4mm，密被锈色绒毛，裂片圆形；花冠长约 12mm，深 5 裂，裂片宽倒卵形，具脉，长 3.5 ～ 4mm，边缘条裂状；花丝长约 2mm，基部扩大，花药三角形，长 1mm 左右，顶端急尖；柱头头状，高约 1.5mm，有 5 沟槽。浆果椭圆形，高约 2 ～ 2.8cm，干时黑褐色，顶端钝尖，有暗色圈痕，宿存萼片圆肾形，径约 3 ～ 3.5mm，具缘毛。花期 5 ～ 8 月，果期 10 ～ 12 月。

分布： 产于我国海南、广西（东兴、钦州）。在越南北部也有分布。本种模式标本采自海南。

生境： 生于海拔 170 ～ 1100m 的林中，攀援于大树上。

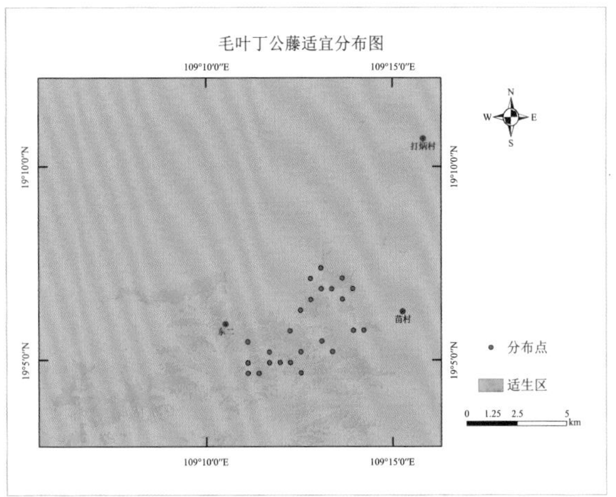

取食部位

取食月份

毛叶丁公藤	1	2	3	4	5	6	7	8	9	10	11	12

阔叶猕猴桃（多果猕猴桃）*Actinidia latifolia* （Gardn. et Champ.）Merr.

猕猴桃科 Actinidiaceae 猕猴桃属 *Actinidia*

形态特征： 大型落叶藤本，着花小枝绿色至蓝绿色，一般长 15 ～ 20cm，径约 2.5mm，基本无毛，至多幼嫩时薄被微茸毛，或密被黄褐色绒毛，皮孔显著或不显著，隔年枝径约 8mm；髓白色，片层状或中空或实心。叶坚纸质，通常为阔卵形，有时近圆形或长卵形，长 8 ～ 13cm，宽 5 ～ 8.5cm，最大可达 15×12cm，顶端短尖至渐尖，基部浑圆或浅心形、截平形和阔楔形，等侧或稍不等侧，边缘具疏生的突尖状硬头小齿，腹面草绿色或榄绿色，无毛，有光泽，背面密被灰色至黄褐色短的紧密的星状绒毛，或较长的疏松的星状绒毛，侧脉 6 ～ 7 对，横脉显著可见，网状小脉不易见；叶柄长 3 ～ 7cm，无毛或略被微茸毛。花序为 3 ～ 4 歧多花的大型聚伞花序，花序柄长 2.5 ～ 8.5cm，花柄 0.5 ～ 1.5cm，果期伸长并增大，雄花花序远较雌性花的为长，从上至下厚薄不均地被黄褐色短茸毛；苞片小，条形，长 1 ～ 2mm；花有香气，直径 14 ～ 16mm；萼片 5 片，淡绿色，瓢状卵形，长 4 ～ 5mm，宽 3 ～ 4mm，花开放时反折，两面均被污黄色短茸毛，内面较薄；花瓣 5 ～ 8 片，前半部及边缘部分白色，下半部的中央部分橙黄色，长圆形或倒卵状长圆形，长 6 ～ 8mm，宽 3 ～ 4mm，开放时反折；花丝纤弱，长 2 ～ 4mm，花药卵形箭头状，长 1mm；子房圆球形，长约 2mm，密被污黄色茸毛，花柱长 2 ～ 3mm，不育子房卵形，长约 1mm，被茸毛。果暗绿色，圆柱形或卵状圆柱形，长 3 ～ 3.5cm，直径 2 ～ 2.5cm，具斑点，无毛或仅在两端有少量残存茸毛；种子纵径 2 ～ 2.5mm。小枝基本无毛，至多幼嫩时薄被微茸毛。叶背密被灰色至黄褐色短度的紧密的星状绒毛；叶柄基本无毛或薄被短小的茸毛。花序柄仅上端部薄被短茸毛，下端部基本无毛。花期 5 月上旬～ 6 月中旬，果期 10 ～ 11 月。

分布： 产于我国四川、云南、贵州、安徽、浙江、台湾、福建、江西、湖南、广西、广东等地。在越南、老挝、柬埔寨、马来西亚也有分布。

生境： 生于海拔 450 ～ 800m 山地的山谷或山沟地带的灌丛中或森林迹地上。

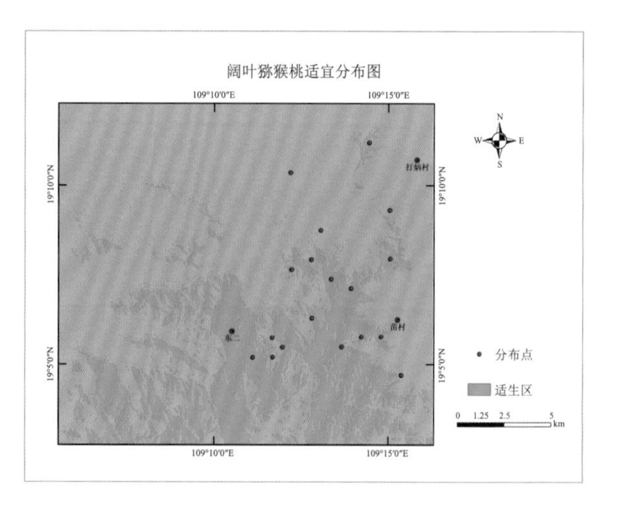

取食部位

取食月份

阔叶猕猴桃	1	2	3	4	5	6	7	8	9	10	11	12

125 海南木樨榄 *Olea hainanensis* H. L. Li

木樨科 Oleaceae 木樨榄属 *Olea*

形态特征： 灌木或小乔木，高 3 ～ 30m；树皮灰色或灰褐色。枝灰白色，圆柱形，小枝淡褐色或灰褐色，近圆柱形，节处稍压扁。叶片革质或薄革质，长椭圆状披针形或卵状长圆形，长 8 ～ 16cm，宽 2.5 ～ 5.5cm，先端渐尖，基部楔形，叶缘具不规则的疏锯齿或近全缘，稍反卷，上面深绿色，光亮，下面淡绿色，两面光滑无毛，中脉在上面凹入，下面凸起，侧脉 7 ～ 9 对，在上面凹入，下面凸起，小脉在上面不明显，下面微凹入；叶柄较粗，具沟，长 0.5 ～ 1cm，无毛。圆锥花序顶生或腋生，长 2 ～ 7.5cm，被短柔毛或毛脱落；花白色或黄色，杂性异株；花梗长 1 ～ 3mm。雄花序梗及花梗纤细；花萼长 0.5 ～ 1mm，裂片宽卵状三角形，先端锐尖或钝，边缘具微小睫毛，疏生黄褐色腺点；花冠长 1.5 ～ 2.5mm，裂片卵圆形，长 0.5 ～ 0.7mm；花丝极短，花药椭圆形，长约 1mm。两性花的花序梗较粗；花萼长 1 ～ 1.5mm，裂片卵状三角形，先端锐尖或钝，边缘具睫毛；花冠长 2.5 ～ 3.5mm，具黄褐色腺点，裂片卵圆形，长 1 ～ 1.5mm，先端盔状；子房卵球形，无毛，花柱几无，柱头头状，2 裂。果长椭圆形，长 1.4 ～ 1.8cm，径 7 ～ 9mm，两端稍钝，呈紫黑色或紫红色，干时有纵沟 8 ～ 10 条；果梗短粗，长 3 ～ 5mm。花期 10 ～ 11 月，果期 11 月至翌年 4 月。

分布： 产于我国海南。

生境： 生于海拔 700m 以下的山谷密林中或疏林溪旁。

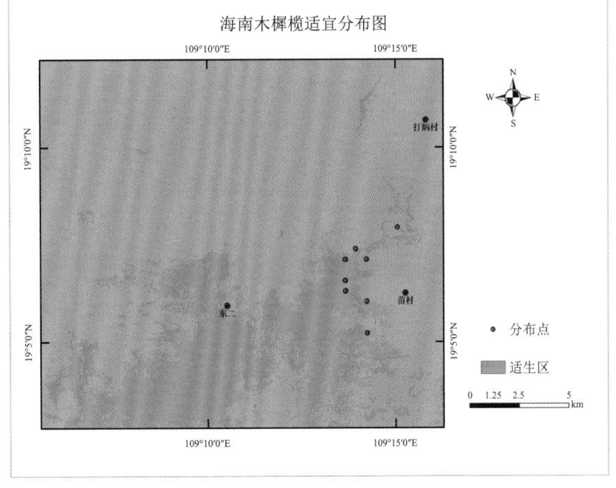

取食部位

取食月份

海南木樨榄	1	2	3	4	5	6	7	8	9	10	11	12

126 厚边木樨（万钧木）*Chengiodendron marginatum*（Champ. ex Benth.）Hemsl.

木樨科 Oleaceae 万钧木属 *Chengiodendron*

形态特征： 常绿灌木或乔木，高 5 ～ 10m，最高可达 20m。小枝灰白色，幼枝黄棕色，无毛。叶片厚革质，宽椭圆形、狭椭圆形或披针状椭圆形，稀倒卵形，长 9 ～ 15cm，宽 2.5 ～ 4cm，先端渐尖，基部宽楔形或楔形，全缘，稀上半部具极稀疏而不明显的锯齿，两面无毛，具小泡状突起腺点，中脉在上面略凹入，下面凸起，侧脉 6 ～ 8 对，不明显，在上面略凹入，下面略凸起；叶柄长 1 ～ 2.5cm，无毛。聚伞花序组成短小圆锥花序，腋生，稀顶生，排列紧密，长 1 ～ 2cm，有花 10 ～ 20 朵；花序轴无毛或被柔毛；苞片卵形，长 2 ～ 2.5mm，具睫毛，稀背面被毛，常花后凋落，小苞片宽卵形，长 1 ～ 1.5mm，仅边缘具睫毛；花梗长 1 ～ 2mm；花萼长 1.5 ～ 2mm，萼管与裂片几相等，裂片边缘具睫毛；花冠淡黄白色、淡绿白色或淡黄绿色，花冠管长 1.5 ～ 2mm，裂片长圆形，长约 1.5mm，先端具睫毛，反折；雄蕊着生于花冠管上部，花丝较短，长 0.5 ～ 1mm，花药长约 1mm；雌蕊长约 4.5mm，花柱长约 3mm，纤细，柱头 2 裂。果椭圆形或倒卵形，长 2 ～ 2.5cm，直径 1 ～ 1.5cm，绿色，成熟时黑色。花期 5 ～ 6 月，果期 11 ～ 12 月。

分布： 产于我国安徽南部、浙江、江西、台湾、湖南、广东、广西、四川、贵州、云南。

生境： 生于海拔 800 ～ 1800（2600）m 的山谷、山坡密林中。

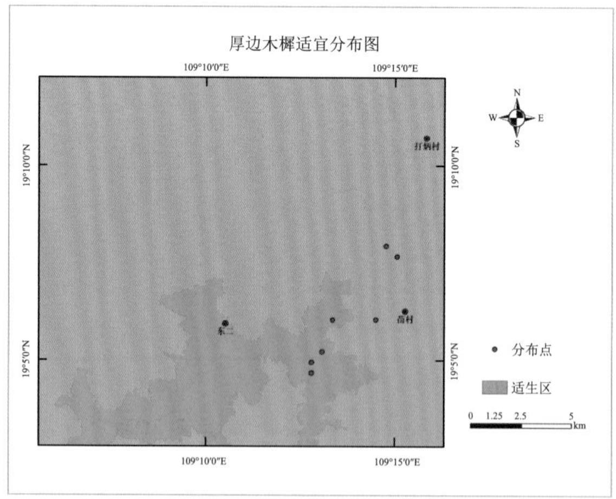

取食部位

取食月份

厚边木樨	1	2	3	4	5	6	7	8	9	10	11	12

127 山牡荆 *Vitex quinata* (Lour.) Will.

唇形科 **Lamiaceae** 牡荆属 ***Vitex***

形态特征： 常绿乔木，高 4 ～ 12m，树皮灰褐色至深褐色；小枝四棱形，有微柔毛和腺点，老枝逐渐转为圆柱形。掌状复叶，对生，叶柄长 2.5 ～ 6cm，有 3 ～ 5 小叶，小叶片倒卵形至倒卵状椭圆形，顶端渐尖至短尾状，基部楔形至阔楔形，通常全缘，两面除中脉被微柔毛外，其余均无毛，表面通常有灰白色小窝点，背面有金黄色腺点；中间小叶片长 5 ～ 9cm，宽 2 ～ 4cm，小叶柄长 0.5 ～ 2cm，两侧的小叶较小。聚伞花序对生于主轴上，排成顶生圆锥花序式，长 9 ～ 18cm，密被棕黄色微柔毛，苞片线形，早落；花萼钟状，长 2 ～ 3mm，顶端有 5 钝齿，外面密生棕黄色细柔毛和腺点，内面上部稍有毛，花冠淡黄色，长 6 ～ 8mm，顶端 5 裂，二唇形，下唇中间裂片较大，外面有柔毛和腺点；雄蕊 4，伸出花冠外，花丝基部变宽而无毛，子房顶端有腺点。核果球形或倒卵形，幼时绿色，成熟后呈黑色，宿萼呈圆盘状，顶端近截形。花期 5 ～ 7 月，果期 8 ～ 9 月。

分布： 产于我国浙江、江西、福建、台湾、湖南、广东、广西。在日本、印度、马来西亚、菲律宾也有分布。

生境： 生于海拔 180 ～ 1200m 的山坡林中。

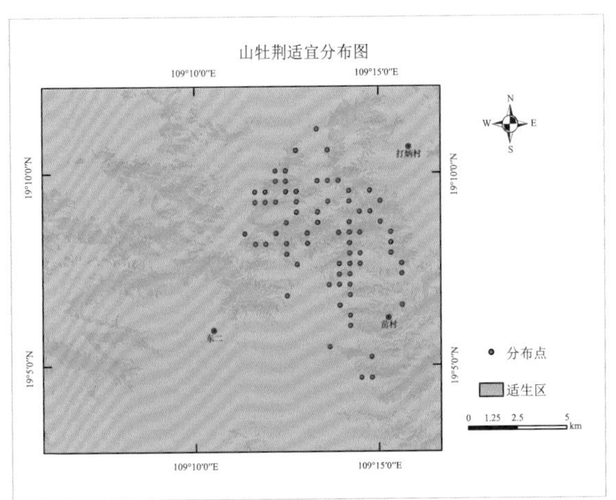

取食部位

取食月份

山牡荆	1	2	3	4	5	6	7	8	9	10	11	12

128 海岛冬青 *Ilex goshiensis* Hayata

冬青科 Aquifoliaceae 冬青属 *Ilex*

形态特征： 常绿灌木或乔木，高可达 12m；树皮灰褐色；小枝细，被微柔毛，三年生枝具纵皱纹和隆起的半圆形叶痕，二年生枝具纵褶皱，当年生枝具纵棱脊；顶芽圆锥形，小，被微柔毛。叶生于 1 ～ 2 年生枝上，叶片革质，阔椭圆形或近菱状椭圆形，长 3 ～ 5cm，宽 1.5 ～ 2.5cm，先端突然短渐尖，顶端钝或微凹，基部阔楔形或急尖，全缘，干后两面淡褐绿色，叶面稍具光泽或两面均无光泽，背面具黑色小腺点，主脉在叶面稍凹或平坦，疏被微柔毛，背面稍隆起，侧脉 4 ～ 6 对，两面不明显，网状脉不明显；叶柄长 4 ～ 8mm，上面具纵宽浅槽，被微柔毛；托叶三角形，急尖，被微柔毛。雄花序为具 3 ～ 7 花的假伞形花序簇生于叶腋内，被微柔毛，稀变无毛；苞片被微柔毛，具三尖头；总花梗长 4 ～ 5mm，花梗长 2 ～ 3mm，小苞片微小，被微柔毛；花 4 或 5 基数；花萼盘状，直径约 2mm，被微柔毛，4（～稀 5）浅裂，裂片圆形，密具缘毛；花冠辐状，直径 4 ～ 5mm，花瓣长圆形，4 枚，稀 5，长约 1.7mm，基部稍合生，无缘毛；雄蕊短于花瓣，花药长圆形；退化子房近球形，中央稍凹入。雌花未见。果单生或稀为具 3 果的聚伞果序簇生于叶腋内，果梗长 3 ～ 5（～ 8）mm，当 3 果时，总花梗长约 5mm，果梗长约 2.5mm；果球形，直径约 4mm；宿存花萼平展，4 或 5 裂，具缘毛；宿存柱头盘状，稍隆起，4 裂；分核 4，稀 5，半圆形，长 1.7 ～ 2mm，背部宽 1.2 ～ 1.8mm，背面具 3 条纵棱，无沟槽，侧面平滑。果期 9 ～ 10 月。

分布： 产于我国台湾北部或中部（新竹、台中）和海南（保亭、乐东）。在日本南部等也有分布。

生境： 生于海拔 750 ～ 1500m 的密林中。

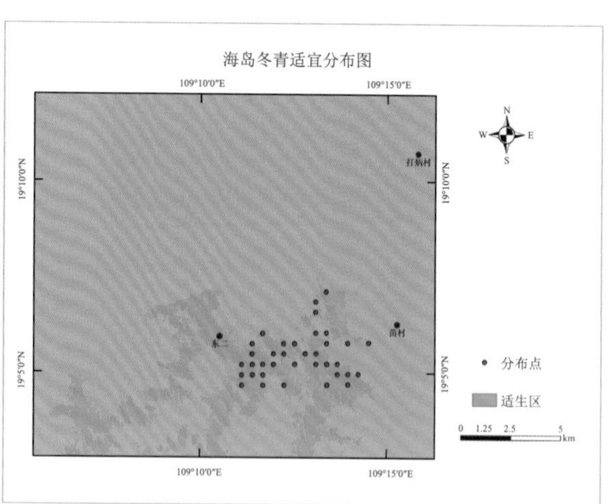

取食部位

取食月份

海岛冬青	1	2	3	4	5	6	7	8	9	10	11	12

129 剑叶冬青 *Ilex lancilimba* Merr.

冬青科 Aquifoliaceae 冬青属 *Ilex*

形态特征: 常绿灌木或小乔木，高达 3 ～ 10m，胸径约 20cm；树皮灰白色，平滑。小枝粗而直，二、三年生枝灰色，具纵棱及皱纹，叶痕半圆形，总果梗痕与其相联，形成长圆形隆起的疤痕，几无毛，当年生幼枝具纵棱及沟，被硫黄色卷曲短柔毛，沟内更密；顶芽卵状圆锥形，渐尖，芽鳞密被淡黄色短柔毛。叶生于 1 ～ 2 年生枝上，叶片革质，披针形或狭长圆形，长 9 ～ 16cm，宽 2 ～ 5cm，先端渐尖，基部楔形或钝，全缘，稍反卷，叶面深绿色，背面淡绿色，两面无光泽，或叶面略具光泽，主脉在叶面凸起，平或中央具 1 凹槽，幼时被短柔毛，后变无毛，在背面隆起，无毛，侧脉 10 ～ 16 对，在两面稍隆起，并于叶缘附近网结，网状脉两面可见；叶柄长 1.5 ～ 2.5cm，疏被微柔毛，上半段具叶片下沿的狭翅；托叶无。聚伞花序单生于当年生枝下部叶腋内或鳞片腋内，总花梗及花梗均被淡黄色短柔毛；花 4 基数。雄花序为 3 回二歧或三歧聚伞花序，总花梗长 5 ～ 14mm，二级分枝常发育，花梗长 1.5 ～ 2mm；花萼盘状，直径约 3mm，4 裂，裂片阔三角形，长约 1mm，基部宽约 2mm；花瓣卵状长圆形，长 2.5 ～ 3mm，基部稍合生；雄蕊短于花瓣，花药长圆形；退化子房圆锥状，微小。雌花序为具 3 花的聚伞花序，总花梗长约 2mm，花梗长 1 ～ 2mm；花萼及花冠同雄花，淡绿白色，4 或 5 基数；退化雄蕊长约为花瓣的 1/2，败育花药心形；子房卵球形，直径约 2mm，柱头厚盘状。果常单生于当年生枝叶腋内，果梗长 4 ～ 6mm，被淡黄色短柔毛；果球形，直径 10 ～ 12mm，成熟时红色，宿存花萼平展，四角形，宿存柱头盘状，4 裂；分核 4，长圆形，长约 9mm，背部宽 4mm，具宽而深的 U 形槽，平滑，无条纹，内果皮木质。花期 3 月，果期 9 ～ 11 月。

分布: 产于我国福建、广东、广西和海南等地。

生境: 生于海拔 300 ～ 1800m 的山谷森林中或灌木丛中。

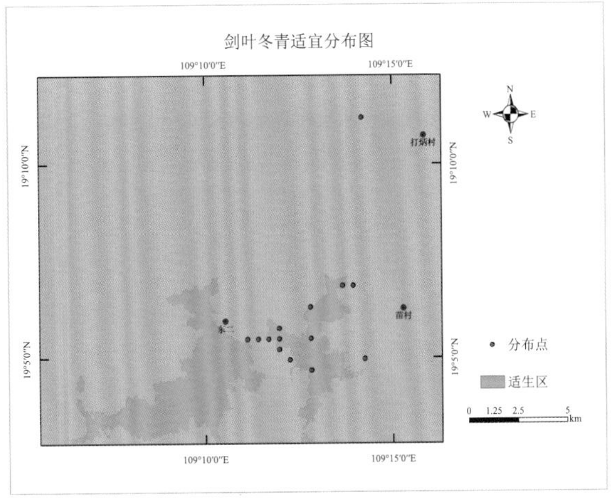

取食部位

取食月份

剑叶冬青	1	2	3	4	5	6	7	8	9	10	11	12

130 毛叶冬青 *Ilex pubilimba* Merr. et Chun

冬青科 Aquifoliaceae 冬青属 *Ilex*

形态特征： 常绿乔木，高 6～15m；小枝圆柱形，坚挺，密被暗黄色短硬毛状柔毛；顶芽小，密被短柔毛。叶生于 1～2 年生枝上，叶片厚革质，椭圆形，稀卵状椭圆形或披针形，长 3～7cm，宽 1.5～2.5cm，先端短渐尖，基部圆形，钝或楔形，叶缘具圆齿状锯齿，干时稍外弯，叶面绿色，干时灰橄榄色，有光泽，无毛，背面淡白色，被短柔毛，主脉在叶面凹陷，被短柔毛，背面隆起，侧脉 6～8 对，上面不明显，背面稍显现；叶柄长 3～6mm，密被短柔毛；托叶缺。花序簇生于二年生枝叶腋内，苞片卵形或半圆形，密被短柔毛；花黄白色，4 基数。雄花序：每枝具 1～3 花，具 3 花者为聚伞状，总花梗长 0.5～1mm，花梗长 2～3mm，花梗基部具 2 小苞片；花萼盘状，直径 1.5～2mm，4 裂，裂片圆形，被短柔毛及缘毛；花冠辐状，直径约 6mm，花瓣长椭圆形，长约 2.5mm，具缘毛，基部合生；雄蕊稍短于花瓣，花药卵形；退化子房圆锥状，直径约 1mm，先端钝。雌花序：每分枝具单花，花萼与花冠像雄花；退化雄蕊长约为花瓣的 1/3，不育花药卵形；子房近球形，直径约 1.75mm，疏被短柔毛；柱头盘状，凸起。果扁球形，长约 5～6mm，直径 7～8mm，果梗长 3～5mm，被短柔毛；宿存花萼圆形，伸展，直径约 2mm，4 浅裂，具缘毛，宿存柱头薄盘状，圆形；分核 4，近球形或长椭圆形，长 4～5mm，背部宽 3.5～4mm，多皱，背部压平或稍凹入，内果皮木质。花期 3 月，果期 8～12 月。

分布： 产于我国海南安定、琼中、白沙、东方、保亭、崖州等地。

生境： 生于中海拔的密林中。

毛叶冬青适宜分布图

109°10'0"E 109°15'0"E

19°10'0"N 19°5'0"N

分布点

适生区

0 1.25 2.5 5 km

取食部位

取食月份

毛叶冬青	1	2	3	4	5	6	7	8	9	10	11	12

131 榕叶冬青 *Ilex ficoidea* Hemsl.

冬青科 Aquifoliaceae 冬青属 *Ilex*

形态特征： 常绿乔木，高 8 ～ 12m；幼枝具纵棱沟，无毛，二年生以上小枝黄褐色或褐色，平滑，无皮孔，具半圆形较平坦的叶痕。叶生于 1 ～ 2 年生枝上，叶片革质，长圆状椭圆形，卵状或稀倒卵状椭圆形，长 4.5 ～ 10cm，宽 1.5 ～ 3.5cm，先端骤然尾状渐尖，渐尖头长可达 15mm，基部钝、楔形或近圆形，边缘具不规则的细圆齿状锯齿，齿尖变黑色，干后稍反卷，叶面深绿色，具光泽，背面淡绿色，两面均无毛，主脉在叶面狭凹陷，背面隆起，侧脉 8 ～ 10 对，在叶面不明显，背面稍凸起，于边缘网结，细脉不明显；叶柄长 6 ～ 10mm，上面具槽，背面圆形，具横皱纹。聚伞花序或单花簇生于当年生枝的叶腋内，花 4 基数，白色或淡黄绿色，芳香；雄花序的聚伞花序具 1 ～ 3 花，总花梗长约 2mm，苞片卵形，长约 1mm，背面中央具龙骨突起，急尖，具缘毛，基部具附属物；花梗长 1 ～ 3mm，基部或近基部具 2 枚小苞片；花萼盘状，直径 2 ～ 2.5mm，裂片三角形，急尖，具缘毛；花冠直径约 6mm，花瓣卵状长圆形，长约 3mm，宽约 1.5mm，上部具缘毛，基部稍合生；雄蕊长于花瓣，伸出花冠外，花药长圆状卵球形；退化子房圆锥状卵球形，直径约 1mm，顶端微 4 裂。雌花单花簇生于当年生枝的叶腋内，花梗长 2 ～ 3mm，基生小苞片 2 枚，具缘毛；花萼被微柔毛或变无毛，裂片常龙骨状；花冠直立，直径约 3 ～ 4mm，花瓣卵形，分离，长约 2.5mm，具缘毛；退化雄蕊与花瓣等长，不育花药卵形，小；子房卵球形，长约 2mm，直径约 1.5mm，柱头盘状。果球形或近球形，直径约 5 ～ 7mm，成熟后红色，在扩大镜下可见小瘤，宿存花萼平展，四边形，直径约 2mm，宿存柱头薄盘状或脐状；分核 4，卵形或近圆形，长 3 ～ 4mm，宽 1.5 ～ 2.5mm，两端钝，背部具掌状条纹，沿中央具 1 稍凹的纵槽，两侧面具皱条纹及洼点，内果皮石质。花期 3 ～ 4 月，果期 8 ～ 11 月。

分布： 产于我国安徽南部、浙江、江西、福建、台湾、湖北、湖南、广东、广西、海南、香港、四川、重庆、贵州和云南东南部。

生境： 生于海拔（100 ～）300 ～ 1880m 的山地常绿阔叶林、杂木林和疏林内或林缘。

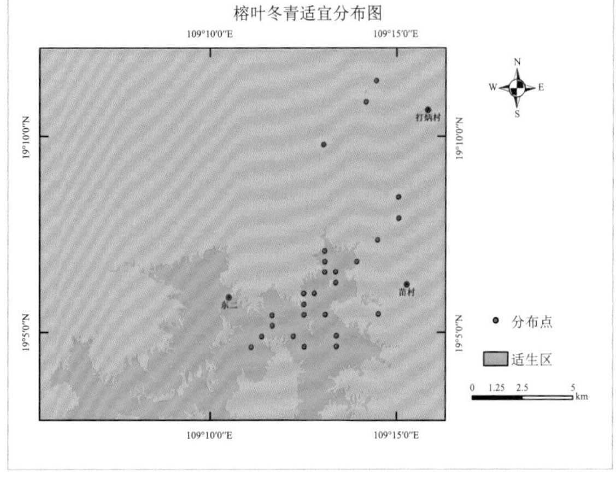

取食部位

取食月份

榕叶冬青	1	2	3	4	5	6	7	8	9	10	11	12

132 三花冬青 *Ilex triflora* Bl.

冬青科 Aquifoliaceae 冬青属 *Ilex*

形态特征：常绿灌木或乔木，高 2 ～ 10m；幼枝近四棱形，稀近圆形，具纵棱及沟，密被短柔毛，具稍凸起的半圆形叶痕，皮孔无。叶生于 1 ～ 3 年生的枝上，叶片近革质，椭圆形，长圆形或卵状椭圆形，长 2.5 ～ 10cm，宽 1.5 ～ 4cm，先端急尖至渐尖，渐尖头长 3 ～ 4mm，基部圆形或钝，边缘具近波状线齿，叶面深绿色，干时呈褐色或橄榄绿色，幼时被微柔毛，后变无毛或近无毛，背面具腺点，疏被短柔毛，主脉在叶面凹陷，背面隆起，两面沿脉毛较密，侧脉 7 ～ 10 对，两面略明显或不明显，网状脉两面不明显；叶柄长 3 ～ 5mm，密被短柔毛，具叶片下延而成的狭翅。雄花 1 ～ 3 朵排成聚伞花序，1 ～ 5 聚伞花序簇生于当年生或二三年生枝的叶腋内，花序梗长约 2mm，花梗长 2 ～ 3mm，两者均被短柔毛，基部或近中部具小苞片 1 ～ 2 枚；花 4 基数，白色或淡红色；花萼盘状，直径约 3mm，被微柔毛，4 深裂，裂片近圆形，具缘毛；花冠直径约 5mm，花瓣阔卵形，基部稍合生；雄蕊短于花瓣，花药椭圆形，黄色；退化子房金字塔形，顶端具短喙，分裂。雌花 1 ～ 5 朵簇生于当年生或二年生枝的叶腋内，总花梗几无，花梗粗壮，长 4 ～ 8（～ 14）mm，被微柔毛，中部或近中部具 2 枚卵形小苞片；花萼同雄花；花瓣阔卵形至近圆形，基部稍合生；退化雄蕊长约为花瓣的 1/3，不育花药心状箭形；子房卵球形，直径约 1.5mm，柱头厚盘状，4 浅裂；果球形，直径 6 ～ 7mm，成熟后黑色；果梗长 13 ～ 18mm，被微柔毛或近无毛；宿存花萼伸展，直径约 4mm，具疏缘毛；宿存柱头厚盘状；分核 4，卵状椭圆形，长约 6mm，背部宽约 4mm，平滑，背部具 3 条纹，无沟，内果皮革质。花期 5 ～ 7 月，果期 8 ～ 11 月。

分布：产于我国安徽、浙江、江西、福建、湖北西北部、湖南、广东、广西、海南、四川、重庆、贵州、云南等地。

生境：生于海拔（130 ～）250 ～ 1800（～ 2200）m 的山地阔叶林、杂木林或灌木丛中。

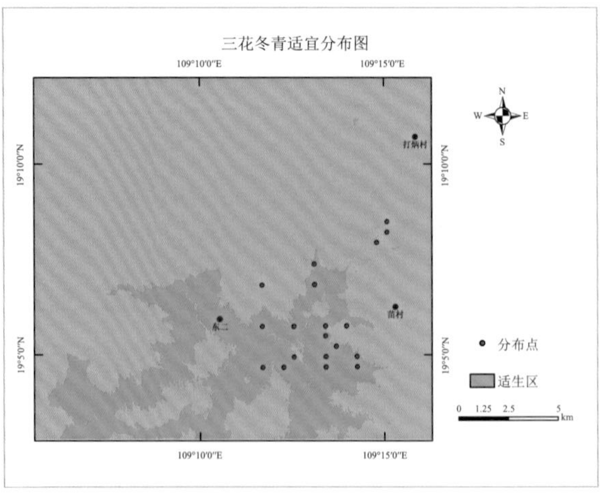

取食部位

取食月份

三花冬青	1	2	3	4	5	6	7	8	9	10	11	12

133 凸脉冬青 *Ilex kobuskiana* S. Y. Hu

冬青科 Aquifoliaceae 冬青属 *Ilex*

形态特征：常绿灌木或乔木，高可达 15m；当年生幼枝近圆柱形，具纵棱，无毛，二、三年枝具多而明显的皮孔，叶痕狭新月形，平坦；顶芽阔卵形，被微柔毛。叶生于 1 ～ 2 年生枝上，叶片厚革质，卵形、椭圆形或长圆形，长 6 ～ 9cm，宽 3 ～ 4.5cm，先端骤然短渐尖，尖头长 5 ～ 7mm，微凹或钝，基部圆形或钝，稀楔形，全缘，干时叶面褐色，具光泽，背面无光泽，具斑点，两面无毛，主脉在叶面平坦或略凸起，背面隆起，侧脉 9 ～ 10 对，于叶缘附近网结，在叶面不明显，背面显著，网状脉仅背面明显；叶柄长 9 ～ 12mm，无毛，上面具纵深槽，背面具皱纹；托叶三角形，急尖。花序簇生于 2 年生枝的叶腋内，苞片被微柔毛。雄花序：簇的个体分枝为具 3 花的聚伞花序，总花梗长 1.5 ～ 3mm，花梗长约 2mm，变无毛，基部具小苞片 2 枚；花 5 或 6 基数；花萼盘状，直径约 3.5mm，6 浅裂，裂片圆形，具缘毛；花冠辐状，直径 6 ～ 7mm，花瓣倒卵状椭圆形，长约 3mm，基部合生；雄蕊与花瓣等长，花药长圆形；退化子房垫状，顶端钝。雌花序的个体分枝具 1 花，花梗长 5 ～ 8mm，被微柔毛，中部具 2 枚小苞片，花萼直径约 4mm，6 裂，裂片圆形，具缘毛；花瓣 6 ～ 8 枚，卵状长圆形，长 3mm，基部合生；退化雄蕊长为花瓣的 3/4，败育花药箭头状；子房卵球形，柱头脐状。果卵形，直径 4 ～ 6mm，成熟后红色，宿存花萼平展，圆形，裂片具缘毛，宿存柱头脐状；分核 6，椭圆体形，长约 4mm，宽 1.8 ～ 2mm，两端具尖头，背面具条纹，无沟，内果皮革质。花期 5 ～ 7 月，果期 6 ～ 11 月。

分布：产于我国广东（大埔、乳源）和海南（白沙、昌江、东方、乐东、尖峰岭）。

生境：生于海拔 550 ～ 1550m 的山坡常绿阔叶林中。

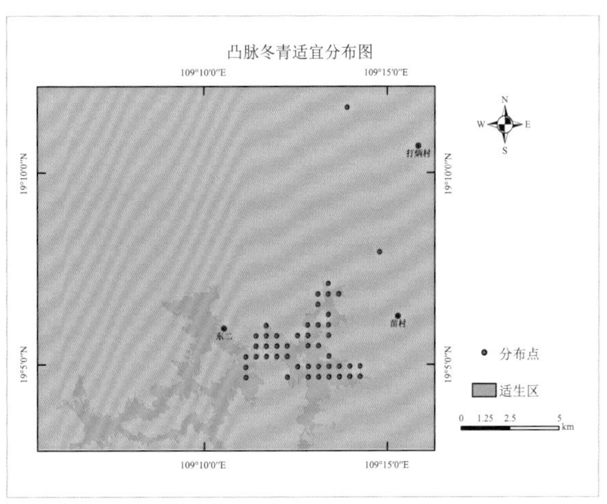

取食部位

取食月份

凸脉冬青	1	2	3	4	5	6	7	8	9	10	11	12

134 鹅掌柴 *Heptapleurum heptaphyllum*（L.）Y. F. Deng

五加科 Araliaceae 鹅掌柴属 *Heptapleurum*

形态特征： 乔木，高约 7m；小枝粗壮，疏生星状绒毛，髓实心。叶有小叶 7 ～ 8；叶柄长 25 ～ 35cm，无毛；小叶片纸质，长圆状披针形，中央的较大，长 24cm，宽 8cm，两侧的较小，长 10 ～ 11cm，宽 3cm，其余介在两者之间，先端尾状渐尖，尖头长 1.5 ～ 2cm，略呈镰刀状，基部钝形至圆形，干时上面棕色，下面淡棕色，两面均无毛，边缘全缘，中脉上面平坦，下面比上面明显，网脉两面均不明显；小叶柄不等长，中央的长 8cm，两侧的长 1.5cm，其余介在两者之间，无毛。圆锥花序顶生，主轴几无毛，长 30cm 以上；分枝疏散，在下部的长约 18cm，上部的逐渐缩短；伞形花序总状排列在分枝上，直径 2cm，有花 10 ～ 20 朵；总花梗长 1 ～ 2cm，通常在中部有苞片 2 个，几无毛；苞片卵形，长 1 ～ 2mm，外面有短柔毛；花梗长 5 ～ 6mm，结实后长至 8mm；小苞片小，卵形，外面有短柔毛；花长约 30mm，淡红黄色（根据野外记载），干时棕红色；萼倒圆锥形，长约 3mm，无毛，边缘近全缘；花瓣 5，长三角形，长约 3mm，无毛；雄蕊 5 枚，比花瓣稍长，花丝长约 4.5mm；子房 8 ～ 9 室；花柱合生成短柱，长约 1mm，柱头不明显。果实球形，直径约 3mm，无毛；宿存花柱长约 1.5mm，柱头有不明显的裂片 8 ～ 9；花盘扁平。花期 10 ～ 11 月，果期 12 月至翌年 1 月。

分布： 分布于我国西藏、云南、广西、广东、浙江、重庆、海南、四川、贵州、湖北、香港、福建和台湾。在日本、印度、泰国、越南和印度也有分布。

生境： 生于山谷常绿阔叶林中，海拔 980m。

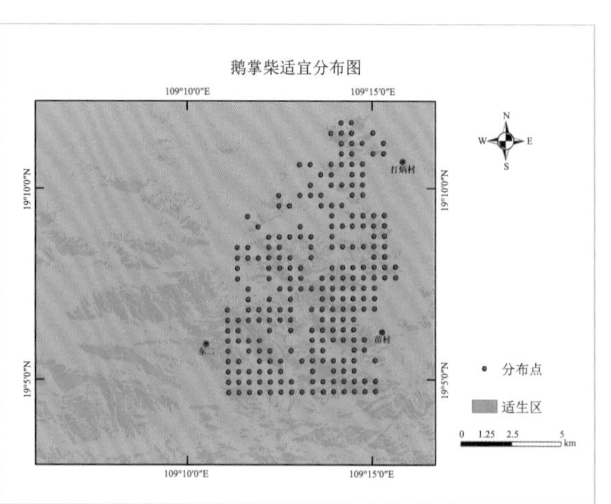

取食部位

取食月份

鹅掌柴	1	2	3	4	5	6	7	8	9	10	11	12

中文名索引

拉丁名索引